TODO ESTÁ PROHIBIDO

LA ENSEÑANZA DE LA VIOLENCIA

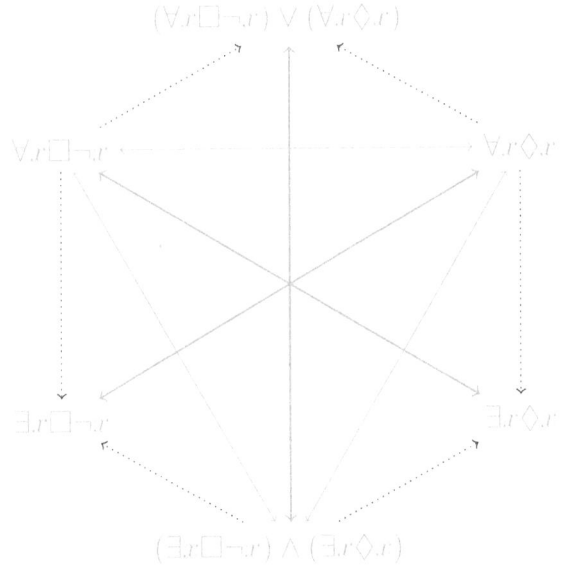

Intempestivas, 2

Josep Maria Blasco

TODO ESTÁ PROHIBIDO
La enseñanza de la violencia

Edita: © EPBCN — Espacio Psicoanalítico de Barcelona
Balmes, 32, 2º 1ª
08007 Barcelona
93 454 89 78
info@epbcn.com
https://www.epbcn.com

1ª edición: Octubre de 2019
Copyright © Josep Maria Blasco
De la presente edición: © Espacio Psicoanalítico de Barcelona, 2019
Maquetación: Josep Maria Blasco y Carles Fabregat
Portada: Josep Maria Blasco y Carles Fabregat
Diseño de la colección: Carles Fabregat y Josep Maria Blasco
ISBN: 9781698511856
Depósito legal: B 24437–2019

ÍNDICE

PRESENTACIÓN

INTRODUCCIÓN

El presente texto es a la vez el producto de un experimento y un informe. En el informe exponemos la naturaleza y motivación del experimento, tabulamos los datos obtenidos, calculamos algunas estadísticas, y procedemos a la interpretación de los resultados.

El experimento consiste en lanzar una simple pregunta, una especie de *puzzle* lógico formulado en el estilo de un examen, a un grupo de personas de formación media muy elevada; recogemos, además de las respuestas a la encuesta (permitimos un máximo de tres), unos pocos datos más: edad, estudios y nivel académico. Se proporciona también un espacio para comentarios.

Compilamos y tabulamos los datos contenidos en las respuestas recibidas. Aparece en seguida algo que llama la atención: el *puzzle* sólo lo resuelve un porcentaje muy bajo de los encuestados (según cómo se valoren esas respuestas, ese porcentaje oscila entre el cinco y el veintiséis por ciento de los encuestados).

Nos encontramos también, además de con las respuestas incorrectas al *puzzle*, con toda una serie de otras respuestas y comentarios completamente inesperados.

¿Cómo interpretar esas respuestas, esos comentarios? Dependerá, claro está, de lo que estemos buscando. No existen interpretaciones que «se siguen naturalmente de los datos». Lo que sí que puede pasar es que lo que se encuentre no sea lo que se busca: sea porque no confirma lo que estamos buscando, sea porque simplemente lo invalida, sea porque, y es el caso más interesante y el nuestro, lo que se encuentra excede lo que se buscaba, contiene algo que no se esperaba. A veces, eso inesperado es lo que termina por concentrar nuestro interés. Decimos entonces que hemos *hallado* algo.

El hecho de que lo encontrado sea de otro género que lo buscado le confiere a eso encontrado una cualidad especial. Pero también lleva a escritos algo raros, a informes que se sabe bien cómo empiezan pero no tanto cómo terminan. Mucho me temo que ese será el caso del presente texto. No creo que ello le sustraiga interés alguno; más bien al contrario. Pero no se encontrará, desde luego, un informe al uso.

Antecedentes del experimento

En una ocasión determinada, por casualidad me encontré pensando en el siguiente problema:

¿Cuál es la negación de la frase
«Todo está prohibido»?

Su apariencia es tan simple, su formulación tan sencilla, y la frase-problema es tan escueta, que uno podría imaginar, llevado por un sentido de las analogías, que su solución tendría que ser igualmente sencilla. Efectivamente, *la solución del problema* lo es: se trata de otra frase, ella misma muy sencilla, y también de sólo tres palabras. Ahora bien: *solucionar el problema* parece ser, para una vasta mayoría de personas, una tarea prácticamente imposible.

Después de ensayar la pregunta en ámbitos personales, la sometí también al auditorio de varios cursos y seminarios que imparto durante el año,[1] siempre con el mismo resultado: el problema pa-

---

[1]En particular, también en la mesa de trabajo titulada *Sobre el sentido crítico* y debatida el 13 de mayo de 2018 en el marco de las XVIII Jornadas Psicoanalíticas del Espacio Psicoanalítico de Barcelona (`https://www.epbcn.com/difusion/jornadas/2018/05/xviii-aperturas-en-psicoanalisis-vii/`), parte de cuyo material recogemos aquí, reelaborado, en el capítulo titulado «Sobre el sentido crítico» (p. 169).

recía ser de dificultad muy alta y era resuelto por
poquísimas personas; en ocasiones, por ninguna, o
casi ninguna.

¿Qué tiene de especial este problema, de apariencia tan sencilla, que lo hace tan difícil de resolver? Y, lo que es más: ¿por qué, como había
también observado con anterioridad, los errores en
las contestaciones tienden a agruparse siempre alrededor de determinadas respuestas fijas?

Los ensayos que había realizado hasta el momento habían sido siempre informales; pensé en
realizar uno nuevo, esta vez más estructurado. ¡Tenía que averiguar qué sucedía con ese problema! Me
vino a la memoria entonces un foro de internet al
que tengo la fortuna de pertenecer. El nivel formativo medio de los integrantes es muy alto, la mayoría
son «de ciencias», y no es inhabitual que se envíen
y contesten encuestas. Me pareció una base idónea
para realizar el experimento: la capacitación media
era óptima y, al tratarse de un grupo muy grande
(más de mil quinientas personas), aunque contestase un porcentaje relativamente bajo, ya conseguiría
una muestra suficiente para mi estudio.

Si alguien podía resolver el problema, eran ellos.
Y si ellos no podían resolverlo, al menos tendría
suficientes respuestas y podría estudiarlas, para intentar resolver así el enigma que presentaba la dificultad del problema.

Qué se esperaba del experimento

Pensé entonces en cómo preparar la pregunta. ¿Qué quería averiguar, exactamente? Quería saber qué convertía al problema en cuestión en algo tan endiabladamente complicado. *Se hacía más importante, entonces, estudiar los errores que los aciertos*, eran más útiles las respuestas incorrectas que las correctas; sólo las primeras estaban en disposición de enseñarnos algo sobre la dificultad intrínseca del problema, mientras que las segundas no nos aportarían nada: más allá de su contribución estadística, se limitarían a enunciar una solución ya conocida por nosotros.

Tenía, pues, que cuidarme, en la formulación de la pregunta, de no dar indicaciones de ningún tipo que permitiesen inferir característica o atributo algunos de la respuesta correcta. Tenía que dejar, para decirlo de otro modo, que los encuestados *se equivocasen de todas las maneras posibles*. La formulación de la pregunta tenía que ser lo más concisa posible, y no revelar nada innecesario. Tendría la forma de una pregunta de examen, pero no se daría indicación alguna de cómo resolverla.[2]

---

[2]La encuesta y el *email* de presentación que la acompañaba se encontrarán en las primeras páginas del capítulo titulado «La encuesta» (pp. 29ss). Algunos giros del *email* («ya os diré por qué» y «que ahora no es adecuado que

También quería que los encuestados no reflexionasen demasiado: eso tiende a ocultar los procesos más espontáneos del pensamiento bajo una máscara de racionalidad y seriedad. Para conseguir esto, me permití faltar a la verdad en un solo punto: les indiqué que el problema a resolver era «muy sencillo». Ese artificio vino impuesto por una necesidad metodológica: es mucho más fácil conseguir que un grupo de personas mayoritariamente «de ciencias» asocie libremente si se les distrae primero con la idea de que van a resolver «un problema muy sencillo», que si se les pide directamente que digan lo primero que se les ocurre, cosa que más bien tendería a bloquearles. La redacción concreta de la encuesta se encontrará más abajo (p. 29).

Qué se encontró en su lugar

La encuesta que contenía la pregunta se envió el 5 de agosto de 2019. A medida que iban fluyendo las respuestas, entre el 6 y el 8 de agosto, se incorporaron a un fichero, para su análisis y tratamiento informático.

---

describa»), así como otros aspectos de la encuesta, como la posibilidad de escribir varias respuestas (en esencia, sólo hay una), responden a esa aspiración a no dar pistas, a no dejar ver de más.

Las primeras impresiones confirmaron las obtenidas en las experiencias anteriores: el problema era realmente muy difícil, lo resolvía muy poca gente, y las respuestas erróneas se agrupaban siempre alrededor de unas pocas maneras concretas de equivocarse, lo que, desde luego, tenía que tener alguna razón y debía ser investigado.

Empezaron a aparecer también respuestas y comentarios que no entraban dentro de lo previsto. Algunos se limitaban a contestar con un lema: «Prohibido prohibir»; otros argumentaban que, si todo estaba prohibido, entonces también tenía que estarlo realizar la encuesta, o participar en ella; otros señalaban que la prohibición absoluta sería demencial, o directamente llevaría a un mundo imposible, que no podría ni siquiera existir; había quien ponía de relieve que «Todo está prohibido» bien podría ser la protesta de un adolescente, y así sucesivamente.

¿Cómo manejar, cómo tabular, cómo interpretar unos datos de esa índole? Al respecto, me encontraba dividido.

Mi formación «de ciencias» me hacía tender a considerar irrelevante el segundo grupo de respuestas y comentarios: se trataría de personas que «no habían entendido el problema» y producían, por esa razón, «respuestas que no venían al caso».

Mi formación «de letras», especialmente la psicoanalítica, me indicaba todo lo contrario: quizás en eso que supuestamente «no viene al caso» radicase la solución a nuestro problema. De alguna manera, tenía que encontrar un sentido a todas las respuestas.

Este informe es el resultado de la elaboración de ese conflicto.

Estudiar las respuestas incorrectas, pero que «vienen al caso», nos introducirá en una serie de reflexiones sobre el lenguaje hablado, la ambigüedad de determinadas expresiones, y la significación de un concepto, el de *contrario*, que en general se comprende mal, pues se lo confunde con el de *contradictorio*. Los errores que «vienen al caso» tienen que ver con la dificultad para hacer operar determinada maquinaria simbólica, por otra parte muy consolidada y aceitada. Son los errores «de ciencias», más allá de que los cometan personas de una formación u otra.

Estudiar las respuestas que «no vienen al caso» nos permitirá ver que, en realidad, no tan sólo sí que vienen, y mucho, *al caso*, sino que precisamente ellas, y sólo ellas, señalan los puntos de fisura, las grietas, las aporías que han tenido que ser eliminadas, olvidadas, dejadas de lado, en la constitución de las diversas disciplinas; apuntan a cuestiones políticas, y a una cierta política de la educación; cuestionan los modos habituales de transmisión de los conocimientos; hacen emerger la subjetividad y los deseos de los participantes. Esas respuestas y observaciones, que dejan así de ser errores, son en este caso «de letras» o, si se quiere, en cierto modo, «filosóficas».

Estudiar el conflicto mismo entre esas dos visiones nos permitirá *des-cubrir* un nivel, completamente inesperado, de *violencia* en las modalidades académicas habituales. Lo que solemos denominar «enseñanza» se transmite y se perpetúa a través de una serie de imposiciones tremendamente violentas, que sin embargo ya no percibimos, pues estamos tan acostumbrados a ellas que nos parecen normales, naturales. Cuando ellas faltan, las reclamamos ansiosamente, en vez de sentirnos aliviados. Nos dividen entre torturados y torturadores: cuando no somos una cosa, somos necesariamente la otra. Incluyen, pero no se limitan a: la irrisión, el desprecio, la segregación, el castigo directo e indirecto, la retirada de la interlocución y la palabra, el destierro interior, la parcelación y la destrucción mental.

Estudiaremos esas tres cosas, pero nos llevará su tiempo. Habrá que comenzar por el principio, y trabajar despacito, laboriosamente, con un grado de detenimiento que quizás pueda resultar inhabitual al principio.

Ello convertirá a este informe, como hemos señalado reiteradamente, en algo un poco extraño. No
será exactamente un texto de lógica, ni de filosofía,
ni de lingüística, ni de crítica cultural ni de psicoanálisis, pero en su lugar contendrá reflexiones que
rozarán esas cuatro disciplinas. A algunos, inevita-
blemente, les parecerá un *pastiche* absolutamente
ilegible, y lo cerrarán con disgusto mucho antes de
terminarlo. A los que tengan más paciencia y no les
acobarde ni lo lento, ni lo laborioso ni lo eventual-
mente arduo, les deseamos que puedan hallar en su
lectura aunque sea un reflejo de la misma alegría
que experimentamos nosotros al enfrentarnos a los
hallazgos con los que nos encontramos al escribirlo.

SOBRE LA TERMINOLOGÍA

Hemos optado, siempre que ha sido posible, por el lenguaje informal, haciendo todo lo que ha estado en nuestra mano para no renunciar debido a ello al rigor en las argumentaciones. De este modo, hablaremos de «frases» o «cosas» («negar una cosa») en vez de proposiciones, fórmulas o sentencias; igualmente, hablaremos también de «cosas» en vez de «variables», «objetos» o «valores». El lenguaje técnico tira para atrás a muchas personas que, de otro modo, podrían seguir perfectamente los razonamientos implicados.

Cuando se hace imprescindible, consignamos a pie de página determinadas aclaraciones técnicas; en esos casos, hacemos figurar siempre la advertencia explícita, al principio de la propia nota, de que ésta es «muy técnica».

Los únicos capítulos en los que se nos ha hecho imprescindible el despliegue de cierto aparato técnico-formal han sido contenidos en la tercera parte, titulada «El error» (p. 51), que culmina el análisis de las respuestas «pertinentes». Las demás partes del informe prácticamente no hacen uso de esos recursos y, en su mayor parte, pueden leerse independientemente.

El lector interesado podrá encontrar el listado y las referencias a todos los símbolos utilizados en el presente informe consultando el apéndice titulado «Nomenclatura» (p. 193).

AGRADECIMIENTOS

Mi primer agradecimiento está dirigido a las cuarenta y dos personas que contestaron la encuesta, por proporcionar con sus respuestas una materia prima tan extensa, rica y variada. Todas las ideas contenidas en el presente escrito están, de alguna manera, indicadas o contenidas en ese material, o son el resultado de la elaboración del mismo. Gracias por vuestro tiempo, por pensar, y por estimular con vuestras respuestas la realización de este informe.

Quiero dar las gracias también a Andreu Veà, creador del foro en el que se realizó el experimento, por haber posibilitado la existencia de un lugar de intercambio de características tan valiosas como inusuales; a Joan Batet, por su eficaz y discretísima labor de coordinación del mismo foro; a Carlos Carbonell, Silvina Fernández, Irene Martín y Fabián Ortiz, que leyeron íntegramente varias versiones del manuscrito, pescaron gazapos y propusieron cambios y mejoras; a María del Mar Martín, por leer además varias secciones *en caliente* y sugerir modificaciones, lo que me estimuló a extenderlas y hacerlas más comprensibles; a David Palau, por inspirar con sus comentarios la adición de una sección[3] que, visto en perspectiva, era imprescindible; a María Victoria Serrano, por estimular con sus comentarios el hallazgo de la estrella de Blanché, de la que no tenía noticia; y a Laura Blanco, Norma Cirulli, Mireia Monforte, Olga Palomino, Cristina Prats y Ana Sáncer por enriquecer su contenido con sus comentarios y sugerencias.

Este informe tampoco sería lo que es sin la ayuda prestada y los numerosos intercambios, en ocasiones encendidos y muchas veces intrincados, pero siempre pertinentes, mantenidos con algunos miembros del foro. En particular, Juan Giró, cuyos comentarios me incitaron a redondear la investigación;[4] Albert Ràfols y Francesc Rosés, que contribuyeron a fijar determinadas traducciones de términos técnicos extraídos de la lingüística; Carles Udina, que discutió con pasión mis argumentos y contribuyó con ello a hacerlos mucho más sólidos y comprensibles;[5] y Andreu Veà, que me envió el *meme* que encabeza el capítulo «¡Mamá, todo está prohibido!». Muchas gracias a todos.

---

[3]La titulada «Víctimas colaterales», en la p. 81.

[4]Escribiendo el capítulo titulado «La exclusión del tercero excluido» (p. 99).

[5]Especialmente los de la parte titulada «La fábula de la comunicación perfecta», en la p. 149.

EL EXAMEN

LA ENCUESTA

La encuesta venía precedida por unas líneas en las que se solicitaba la participación.

Hola,

Os agradecería muchísimo si pudieseis usar no más de cinco minutos de vuestro tiempo para llenar la siguiente encuesta, cortísima, y que contiene un muy sencillo problema de lógica. Es para algo que estoy estudiando (ya os diré qué).

Prometo, a cambio, mandar un resumen de los resultados (sin delatar a quienes no hayan resuelto el problema :)), así como la solución al problema mismo y una explicación sobre lo que estoy estudiando (que ahora no es adecuado que describa).

¡Muchas gracias por anticipado por vuestra colaboración! Y recordad: no más de cinco minutos, *please. Si no os sale, contestad «No sé» o en blanco.*

Y, por supuesto, mandadme las respuestas a mí, no a la lista *:)*

Josep Maria

La encuesta propiamente dicha, que se encontraba a continuación, estaba formulada del siguiente modo.

Problema: ¿Cuál es la negación, en su sentido lógico, de la siguiente frase?:

Todo está prohibido.

Solución 1: _____
Solución 2 (si crees que hay más de una): _____
Solución 3 (si crees que hay más de dos): _____
Comentarios sobre la solución (opcional):

Tipo y nivel de estudios (p. ej., Doctor en Filología Inglesa): _____
Edad (opcional): _____

La encuesta fue enviada al foro, que constaba en ese momento de 1.551 personas, el día 5 de agosto de 2019. Se recibieron 42 respuestas en los siguientes tres días. Pasamos a resumir los resultados obtenidos, sin añadir interpretación alguna, más allá de unos mínimos comentarios. El análisis detallado de los resultados ocupará el resto del informe.

LAS RESPUESTAS

Respuestas a la pregunta

La tabla 1 (p. 32) lista la totalidad de las respuestas obtenidas, ordenándolas según su frecuencia de aparición.

Muchos encuestados decidieron hacer uso de la posibilidad que se les ofreció de escribir varias respuestas distintas, lo que explica que sú número en la tabla 1 sea mayor que el de las encuestas respondidas. Dos encuestados optaron por hacer uso exclusivamente del espacio reservado a los comentarios, sin proporcionar respuesta alguna. Se distinguen, aparte, al principio de la tabla.

Resulta llamativo que un porcentaje muy elevado de los encuestados (la mitad o más de la mitad) elijan dos respuestas, que, además, como veremos, son erróneas. Igualmente, un número también muy elevado (dos de cada cinco) de los encuestados ofrece una tercera respuesta que también es, en cierto modo, incorrecta. Nos ocuparemos de estas cuestiones en su debido momento.

Respuestas	Núm.	%
No contesta	2	4,76%
Todo está permitido	22	52,38%
Nada está prohibido	21	50,00%
No todo está prohibido	17	40,48%
Todo no está prohibido	7	16,67%
Nada está permitido	3	7,14%
Algo está permitido	2	4,76%
Algo no está prohibido	1	2,38%
Es una negación afirmativa	1	2,38%
Está todo aceptado	1	2,38%
Existen cosas que están prohibidas	1	2,38%
No se puede hacer nada	1	2,38%
No (todo está permitido)	1	2,38%
Prohibido	1	2,38%
Prohibido prohibir	1	2,38%
Todo es obligatorio	1	2,38%
Todo parado	1	2,38%
Todo prohibido, no se puede prohibir el prohibir, libertad para todo	1	2,38%
Encuestas	42	

Tabla 1: Respuestas (todas)

Distribución de las edades

De un total de 42 encuestados, 37 especificaron su edad. Ésta oscila entre los 27 y los 77 años, con una media de 53,78; su distribución puede consultarse en la tabla 11 (p. 195).

Niveles académicos

La tabla 12 (p. 196) resume los niveles académicos. Como habíamos adelantado, el nivel medio es muy alto: casi un ochenta por ciento de los encuestados tienen estudios universitarios, y un treinta y seis por ciento son doctores.

Formaciones y profesiones

La tabla 13 (p. 197) agrupa las formaciones y profesiones de los encuestados. Se observará que el ochenta y tres por ciento de los encuestados son «de ciencias», con un claro predominio de ingenieros e informáticos (más del cincuenta por ciento).

Los comentarios

El apartado destinado a los comentarios ha sido utilizado profusamente y de manera muy rica por los encuestados.

Algunos escriben «Prohibido prohibir»; otros argumentan que la referencia a «todo» debe estar, en realidad, limitada a un ámbito determinado; aún otros reflexionan sobre el hecho de que «Todo está prohibido» parece la protesta de un adolescente; varios más consideran que argumentar lo contrario es una forma de negar; un encuestado incluye un comentario muy complejo sobre el uso de los paréntesis para eliminar las posibles ambigüedades; los hay que piensan que si todo está prohibido, lo estará tanto hacer una cosa como no hacerla, de modo que todo, a la vez, estará prohibido como permitido; finalmente, otros argumentan, en una línea muy similar, que la idea de que «todo» esté prohibido, llevada a su término, sería autocontradictoria.

A medida que se vaya desplegando el informe, los iremos citando en detalle y tomando en consideración, para encontrarles su lugar y su sentido.

LA PERSPECTIVA ACADÉMICA

Es el momento de realizar un análisis de los resultados y comentarios obtenidos. Para ello, vamos a situarnos en una perspectiva que denominaremos *académica*: vamos a suponer que la encuesta hubiese sido un examen.

Ese punto de vista, por supuesto, no corresponde a ninguna realidad. La encuesta no constituía examen alguno; quien esto escribe no actuó en ningún momento como profesor, ni los encuestados eran sus alumnos ni se impartió tampoco clase de ningún tipo. Sin embargo, mantener esa ficción nos permitirá identificar aquello que la excede y lo que ella deja de lado, algo que nos será muy útil con posterioridad.

Si, como estamos suponiendo, la encuesta hubiese sido un examen, habría respuestas correctas y respuestas incorrectas. Vamos a ir eliminando las incorrectas mediante una serie de pasos reductivos o *discriminaciones*, hasta quedarnos tan sólo con las correctas.

Primera discriminación: las respuestas posibles

Lo primero que habrá llamado la atención del lector en su primer contacto con la tabla de las respuestas (p. 32) habrá sido la gran *heterogeneidad* de éstas. Según el juicio previo que cada uno se haya formado sobre la significación de la pregunta de la encuesta, habrá sentido que unas ciertas respuestas «estaban mal», «no eran adecuadas», «eran imposibles» o «no correspondían», que sus autores «no habían entendido la pregunta», etcétera.

En efecto, los encuestados parecen haberse dividido claramente en dos grupos.

Uno, el mayoritario, entendió que el tipo de respuesta pretendido tenía que ser una frase nueva que constituyese *la negación de la frase* «Todo está prohibido».

Otro, por otra parte, interpretó claramente la formulación del problema como si la pregunta tuviese como objetivo averiguar *en qué lugar se halla la negación en, dentro de, la frase misma*: «Todo está prohibido».

Cada modo de entender la pregunta determina de modo automático cuáles son las respuestas «posibles» y cuáles las «imposibles». Si creemos que se está preguntando por la negación *de* una frase, entonces «Es una negación afirmativa» deja de ser una respuesta posible; del mismo modo, si lo que creemos es que se está preguntando dónde está la negación *en* una frase, entonces «Todo está permitido» pasa a ser una respuesta imposible.

Respuestas	Núm.	%
No contesta	2	4,76%
No pertinentes	3	7,14%
Todo está permitido	22	52,38%
Nada está prohibido	21	50,00%
No todo está prohibido	17	40,48%
Todo no está prohibido	7	16,67%
Nada está permitido	3	7,14%
Algo está permitido	2	4,76%
Algo no está prohibido	1	2,38%
Está todo aceptado	1	2,38%
Existen cosas que están prohibidas	1	2,38%
No (todo está permitido)	1	2,38%
Todo es obligatorio	1	2,38%
Encuestas	**42**	

Tabla 2: **Respuestas pertinentes**

La opción correcta, desde luego, era la primera. Eliminaremos, pues, ahora de la tabla de las respuestas aquellas que son «no pertinentes», «inadecuadas», «imposibles», con lo que obtendremos una nueva tabla, la tabla 2 (p. 37), que contendrá menos variaciones. Las respuestas no pertinentes se agrupan, en nuestra nueva tabla, en una sola línea.

Segunda discriminación: las formulaciones equivalentes

Es patente que varias de las respuestas del conjunto reducido que hemos obtenido son equivalentes entre sí, es decir, quieren decir lo mismo.

Por ejemplo, «Todo no está prohibido», «No todo está prohibido» y «No (todo está prohibido)» son equivalentes, en el lenguaje coloquial, más allá de que quienes hayan escrito estas respuestas sean o no conscientes de ello (sólo uno de los entrevistados elige dos formas a la vez de entre esas tres).

Del mismo modo, «Algo está permitido» y «Algo no está prohibido» son equivalentes, ya que si lo prohibido es lo que no está permitido, lo permitido tiene que ser lo que no está prohibido.

«Está todo aceptado» sería una variante de «Todo está permitido», entendiendo que el encuestado ha utilizado en este caso «aceptado» por «permitido».

«Existen cosas que están prohibidas», más allá de las dudas que suscita en la persona que la eligió, y que expresa en los comentarios, utiliza un lenguaje suficientemente correcto a nivel semi-formal. La substituiremos por «Algo está prohibido».

«Todo es obligatorio» es lo mismo que «Nada está permitido»: si todo es obligatorio, claramente no puede haber nada que esté permitido; y si nada está permitido, todo tiene que estar prohibido.

Finalmente, «Todo está permitido» y «Nada está prohibido» son también equivalentes: si todo está permitido, nada puede estar prohibido, y si nada está prohibido, todo tiene que estar permitido.

Es muy notable, como ya hemos señalado, que diecinueve personas proporcionen esas dos últimas respuestas en vez de una sola de ellas; en general, no sabemos si lo han hecho porque les parecen equivalentes, o porque piensan que son distintas.

Respuestas	Núm.	%
No pertinentes	3	7,14%
No contesta	2	4,76%
Todo está permitido	25	59,52%
No todo está prohibido	24	57,14%
Nada está permitido	4	9,52%
Algo está permitido	3	7,14%
Algo está prohibido	1	2,38%
Encuestas	**42**	

Tabla 3: Respuestas pertinentes no equivalentes

La tabla 3 (p. 39) muestra los resultados, agrupados ahora teniendo en cuenta la serie de equivalencias anteriores.

Tercera discriminación: las respuestas no equivalentes

Muchos encuestados han aprovechado ampliamente la oportunidad que se les daba para dar diversas respuestas, y efectivamente las han dado, sin advertir que esas respuestas, en muchos casos, eran *no equivalentes* entre sí, es decir, que estaban dando dos o más respuestas que no querían decir lo mismo.

Por ejemplo, «Todo está permitido» y «Algo está permitido» no quieren decir lo mismo (por razones obvias). Contestar esas dos cosas simultáneamente (o cualquiera de sus formulaciones equivalentes, como han hecho siete de los encuestados) es similar a decir a la vez que $2 + 2 = 3$ y $2 + 2 = 5$. Nótese que ello convierte a la respuesta en errónea sin necesidad de examinar nada más sobre ella, es decir, más allá de que una de las dos respuestas ofrecidas sea correcta o no: el resultado de una suma (en nuestro caso, de una operación de negación) no puede ser *dos cosas distintas a la vez*, y ello es así independientemente de que uno de los dos cálculos sea o no correcto.

Si se dan varias respuestas no equivalentes, la respuesta completa queda, por lo tanto, invalidada.

«Todo está permitido» y «Nada está permitido» tampoco quieren decir lo mismo (por razones también obvias); cuatro personas, sin embargo, contestan incluyendo equivalencias a esta combinación no equivalente.

Finalmente, «Algo está permitido» y «Algo está prohibido» tampoco son equivalentes (una vez más, por razones obvias). Sólo uno de los encuestados incluye una combinación equivalente a esta.

Respuestas	Núm.	%
No equivalentes	12	28,57%
No pertinentes	3	7,14%
No contesta	2	4,76%
Todo está permitido	14	33,33%
No todo está prohibido	11	26,19%
Algo está permitido	2	4,76%
Encuestas	**42**	

Tabla 4: **Respuestas pertinentes y únicas salvo equivalencia**

La tabla 4 agrupa los casos en los que se han ofrecido varias respuestas no equivalentes en una sola línea, y lista el resto de respuestas, que ahora sólo son tres.

Cuarta discriminación: las respuestas demasiado sencillas

Nueve encuestados dan como única respuesta «No todo está prohibido».[6] Aunque en sí misma la respuesta no es incorrecta, pues se basa en el principio de que negar una cosa es «poner un *no* delante», consideramos que es demasiado sencilla, pues no efectúa transformación alguna de la frase para hacerla más simple, no realiza el correspondiente «cálculo lógico». En cierta manera, se ha contestado no con una respuesta, sino con una reformulación de la pregunta misma.

Si nos preguntan cuál es el opuesto de 5, contestaremos con seguridad -5. Pero si nos preguntan cuál es opuesto de -5, no aceptaríamos como respuesta $--5$, sino que esperaríamos que se efectuase el cálculo y se respondiese 5. Igualmente con el opuesto de $(3 + 2)$: esperaríamos -5 como respuesta, y no aceptaríamos $-(3 + 2)$.

Los dos encuestados que responden «Algo está permitido» o alguna formulación equivalente dan explícitamente, además, la respuesta demasiado sencilla. La tabla 5 (p. 43) detalla las respuestas pertinentes que no son ni incompatibles ni demasiado sencillas.

---

[6]En la tabla anterior aparecen once, pero dos de ellas dan también otras respuestas compatibles.

Respuestas	Núm.	%
Incompatibles	12	28,57%
Demasiado sencillas	9	21,43%
No pertinentes	3	7,14%
No contesta	2	4,76%
Todo está permitido	14	33,33%
No todo está prohibido	2	4,76%
Algo está permitido	2	4,76%
Encuestas	**42**	

Tabla 5: Respuestas pertinentes únicas y no demasiado sencillas

Quinta discriminación: las respuestas correctas

Podemos ahora volver a nuestra pregunta inicial: ¿Cuál es la negación de «Todo está prohibido»? Aquí está la respuesta:

Algo está permitido.

Demostración. *Si no todo está prohibido, entonces algo tiene que estar permitido. Inversamente, si algo está permitido, entonces no puede estar todo prohibido.*

¿Qué pasa entonces con «Todo está permitido»? Que es una respuesta incorrecta, porque no es equivalente a «Algo está permitido» (por razones, una vez más, obvias).

Por otra parte, «No todo está prohibido» y «Algo está permitido» serán equivalentes: la primera es la formulación del problema (es decir, «poner un no delante» de la frase-problema) y la segunda es su solución.

La tabla 6 lista las respuestas correctas y detalla, entre las no válidas, las razones por las que no lo son.

Respuestas	Núm.	%
No contesta	2	4,76%
No válidas		
Incorrectas	14	33,33%
Incompatibles	12	28,29%
Demasiado sencillas	9	21,43%
No pertinentes	3	7,14%
Total no válidas	*38*	*90,48%*
Correctas	2	4,76%
Total	**42**	**100,00%**

Tabla 6: **Respuestas correctas y respuestas no válidas**

Si la encuesta hubiese sido un examen...

Si la encuesta hubiese sido, como hemos pretendido, un examen, los resultados serían francamente
desoladores. Sólo dos personas[7] dan con la respuesta correcta y sólo con ella. Nueve personas, casi
una cuarta parte, dan sólo la respuesta demasiado sencilla: se limitan a poner un «no» delante de
la frase-problema. Si considerásemos esas respuestas como correctas, tendríamos un total de once,
número que sigue siendo muy bajo, aunque no tan
desalentador.

Doce personas dan varias respuestas no equivalentes entre sí; en general, no sabemos si porque no
advierten que no son equivalentes o porque consideran que la negación puede tener varias soluciones
esencialmente distintas.

Catorce personas dan una única solución, pero
no es la correcta. Y tres responden cosas «no pertinentes», porque «no han entendido el problema».

Finalmente, un numero impresionante de encuestados eligen «Todo está permitido» o algún
equivalente suyo (mayoritariamente, «Nada está

---

[7]Curiosamente, un hombre y una mujer, los dos de se-
tenta años: ella es economista y, él, doctor en Informática.
El hecho de que haya tan pocas respuestas correctas convierte en irrelevante cualquier correlación entre la corrección de
las respuestas y otras variables, como la edad, la profesión
o el nivel académico.

prohibido») como respuesta, más allá de que además incluyan otra no equivalente a ella o no.

...no sabríamos muy bien cómo seguir

Si la encuesta hubiese sido un examen, efectivamente, no sabríamos muy bien como seguir. Lo que está claro es que la perspectiva que hemos denominado «académica» parece agotada para nosotros. No hemos aprendido prácticamente nada: sólo que los encuestados parecen haberse equivocado de muchas maneras distintas.

¿Es posible ir más allá? Sí, desde luego; hay muchas cosas por aprender, muchas cosas que pueden enseñarnos, esas respuestas y comentarios.

En particular, tendremos que averiguar por qué tantos encuestados se han equivocado de la misma manera. Tiene que existir alguna razón para ello. Realizamos esa investigación en la próxima parte del informe, titulada «El error» (p. 51), después de introducir un mínimo de notación formal que nos ha parecido imprescindible. Esta será la parte más compleja, a nivel técnico, del informe.

Deberemos también ocuparnos de las respuestas y comentarios que indican que «no se ha entendido la pregunta» o que «no son pertinentes». Los examinaremos uno por uno en la siguiente parte, titulada «Siete impertinencias» (p. 117).

Ante el número tan impresionante de respuestas erróneas, no podremos eludir un cuestionamiento: quizás la pregunta de la encuesta estuvo mal planteada, fue poco clara, debió haber estado mejor definida, etcétera, lo que explicaría la escasez de respuestas correctas. Examinaremos esta cuestión con detenimiento en la parte titulada «La fábula de la comunicación perfecta» (p. 149).

EL ERROR

ALGUNAS ABSTRACCIONES
ÚTILES

Queremos ocuparnos de comprender mejor por qué hay tantos encuestados que han proporcionado respuestas erróneas (p. 43) o no equivalentes (p. 40). Ello nos forzará a volver sobre la materia prima de esas respuestas, a vérnoslas una vez más con expresiones cuya estructura será similar a la de las frases que ya hemos estudiado: «Algo está permitido», «Todo está prohibido», etcétera. En el capítulo anterior hemos tenido mucha suerte,[8] porque todos los pasos han sido de una evidencia tal que no hemos precisado, prácticamente, de aparato formal alguno.

A partir de ahora, sin embargo, nos vendrá bien fijar una nomenclatura, así como disponer de determinados esquemas y abstracciones, que nos permitirán expresarnos con más precisión y de una manera mas concisa en los capítulos posteriores.

---

[8]Además de tener suerte, también hemos puesto en juego, como no habrá escapado al lector advertido, una cierta estrategia expositiva.

Nomenclatura

Variables, propiedades, frases

Vamos a utilizar letras para referirnos a los distintos tipos de entidades que tenemos que manejar.

1) Para referirnos a las *cosas* (en nuestro caso, aquellas que pueden estar prohibidas, permitidas, etcétera), usaremos siempre la letra minúscula x. A veces nos referiremos a ella como la *variable x*.

2) Para referirnos a las *propiedades* de las cosas («estar prohibido», o, más en general, «ser blanco», «ser mayor que cero», etcétera), usaremos las letras mayúsculas P (de *Propiedad*) y Q.

3) Para referirnos a las *frases* completas («todo está prohibido», «algo está permitido», etcétera), usaremos las letras mayúsculas F (de *Frase*) y G.

Las propiedades y la notación funcional

Para referirnos al hecho de que un objeto determinado x tiene una propiedad P, vamos a utilizar la *notación funcional*: en vez de decir «x tiene la propiedad P», escribiremos, mucho más simplemente,

$$P(x),$$

lo que leeremos, cuando nos convenga, «P de x», tal como lo hacíamos con las funciones matemáticas en el colegio.

Combinando estas convenciones y notaciones, en vez de decir, por ejemplo, «si algo tiene la propiedad P, entonces tiene la propiedad Q», escribiremos «si $P(x)$, entonces $Q(x)$».

El símbolo de la equivalencia

Dos frases son *equivalentes* cuando tienen el mismo significado, cuando quieren decir lo mismo. Por ejemplo, «todo está permitido» y «nada está prohibido» (p. 39). Cuando una frase F y otra frase G sean equivalentes, escribiremos

$$F \equiv G.$$

El símbolo de la negación

Para expresar simbólicamente la negación, vamos a usar el símbolo ¬, que se lee «no», y vamos a poner siempre ese símbolo delante de aquello a negar, utilizando paréntesis cuando sea preciso.

Por ejemplo, si queremos decir «está prohibido no hacer x», escribiremos

$$\text{Prohibido}(\neg x);$$

y si queremos decir «no está prohibido hacer x», escribiremos

$$\neg\text{Prohibido}(x).$$

Del mismo modo, si queremos expresar que si x tiene la propiedad P, entonces *no* tiene la propiedad Q, escribiremos «si $P(x)$ entonces $\neg Q(x)$», y así sucesivamente.

Los cuantificadores

Ya casi estamos. Vamos a introducir un par de símbolos, los *cuantificadores*: $\forall$, que leeremos «para todo», y $\exists$, que leeremos «existe». Sí, son una A y una E invertidas.[9]

Los cuantificadores se utilizan siempre en compañía de una variable, así: $\forall x$, $\exists x$. Si, por ejemplo,

---

[9]Los cuantificadores reciben ese nombre porque son elementos (del lenguaje y de la notación matemática) que responden a la pregunta *¿Cuántos?*, a la pregunta por la *cantidad*. «Todos», «algunos», «ninguno» o «muchos» son cuantificadores del lenguaje natural, así como «$\forall$» y «$\exists$» son cuantificadores del lenguaje matemático. La E invertida de *Existe*, $\exists$, fue introducida por el matemático Giuseppe PEANO en 1897, y la A invertida, $\forall$, del alemán *Alles*, «todos», lo fue por Gerard GENTZEN en 1939. La notación moderna se deriva, en última instancia, de los trabajos de Gottlob FREGE en su *Begriffsschift* (1879) [6]. Para la historia de algunos símbolos matemáticos, puede ser útil consultar el documento en línea *Some Common Mathematical Symbols and Abbreviations (with History)* [11].

queremos decir que todos los x tienen la propiedad
P, escribiremos

$$\forall x P(x),$$

que se lee «para todo x, P de x». Y si queremos decir que hay (existe) un x que *no* tiene la propiedad
Q, escribiremos

$$\exists x \neg Q(x),$$

que se lee «existe [un] x tal que no Q de x».

Los operadores deónticos

Por último, vamos a introducir dos símbolos especiales, los *operadores deónticos*,[10] para referirnos
a lo prohibido, lo obligatorio y lo permitido. Cuando determinada cosa x sea obligatoria, escribire-
mos $\square x$; cuando esté permitida, escribiremos $\lozenge x$; y
cuando x esté prohibido, es decir, cuando sea obligatorio *no* hacerlo, escribiremos $\square \neg x$.

---

[10]Del mismo modo que los cuantificadores responden a
la pregunta *¿Cuántos?*, los operadores *modales* responden
a la pregunta *¿Cómo?*, es decir, expresan *modalidades* del
ser verdadero o falso de una frase. Entre las variantes de la
lógica modal, la *deóntica* se ocupa de lo que está prohibido,
permitido, es obligatorio, puede o no puede omitirse, etcétera. Lo mismo hacen los *códigos deontológicos*: la raíz de
ambas palabras es la misma.

Aplicación a nuestro caso

Ahora ya podemos escribir nuestra frase-problema, «todo está prohibido»:

$$\forall x\, \Box \neg x,$$

es decir, «para todo x, es obligatorio no [hacer] x».

Del mismo modo, «algo está permitido», la solución a nuestro problema, será

$$\exists x\, \Diamond x,$$

es decir, «existe (hay un) x tal que x está permitido».

Esquemas y equivalencias

Armados de estas notaciones, podemos ahora introducir un esquema que nos será muy útil: se trata del llamado *cuadrado (neo-)aristotélico de las oposiciones*[11] (fig. 1, p. 57).

De momento, sólo nos interesan las flechas diagonales; a las demás les iremos encontrando sentido

---

[11]Aunque las relaciones lógicas que el diagrama captura están contenidas en la obra aristotélica, el diagrama como tal es mucho más tardío, puesto que se atribuye primero a APULEYO y posteriormente a BOECIO, *cfr.* p. ej. Terence PARSONS, «The Traditional Square of Opposition» [15] y Alessio MORETTI, «Why the Logical Hexagon?» [14].

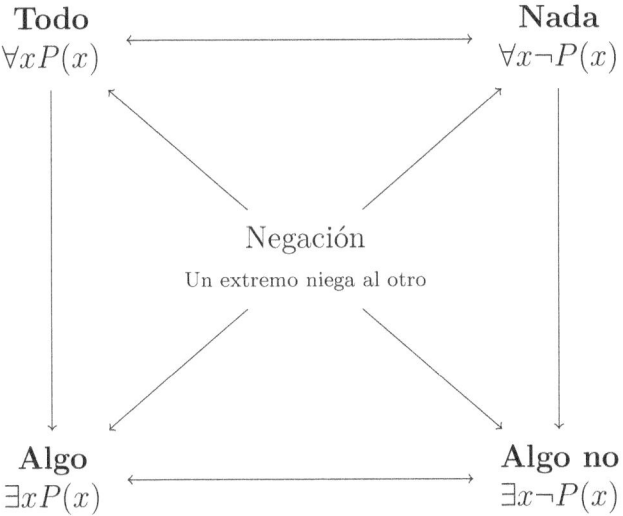

Figura 1: Cuadrado de las oposiciones

más adelante. La palabra «Negación» que etiqueta esas flechas nos indica cómo debe leerse el cuadrado: cada extremo es la negación del otro.

Vamos a repasar estas negaciones, resumiéndolas en una serie de reglas, que etiquetaremos para su posterior uso y referencia.

Regla $\neg\forall/\exists\neg$

Observando nuestro cuadrado, vemos que la negación de «todos los x tienen la propiedad P» es «hay algún x que no tiene la propiedad P»:

$$\neg \forall x P(x) \equiv \exists x \neg P(x),$$

ya que para que no sea verdadero que $\forall x P(x)$ alcanza con que haya un x que no tenga esa propiedad.

Regla $\neg\exists\neg/\forall$

A la inversa, si no es verdadero que hay algún x que no tiene la propiededad P, es que todos los x la tienen:

$$\neg \exists x \neg P(x) \equiv \forall x P(x).$$

Regla $\neg\exists/\forall\neg$

Examinando ahora el otro par de extremos, obtenemos

$$\neg \exists x P(x) \equiv \forall x \neg P(x),$$

lo que expresa que si no es verdadero que hay algún x que tiene la propiedad P, entonces todos carecen de ella.

Regla $\neg\forall\neg/\exists$

A la inversa, si no es verdadero que todos los x carecen de la propiedad P, tiene que haber algún x que la posea.

$$\neg \forall x \neg P(x) \equiv \exists x P(x).$$

Regla de la doble negación

Si contemplamos el cuadrado y reflexionamos sobre la explicación «Un extremo niega al otro», llegaremos en seguida a la siguiente conclusión: si negamos *dos veces* una cosa, obtenemos la misma cosa de partida. Por ejemplo —y vamos a utilizar paréntesis, porque sino nos hallaremos ante un auténtico trabalenguas—, la negación de $\forall x P(x)$ es $\exists x \neg P(x)$, con lo que la negación de (la negación de $\forall x P(x)$) tiene que ser la negación de $\exists x \neg P(x)$, que es justamente $\forall x P(x)$. En símbolos,

$$\neg(\neg \forall x P(x)) \equiv \neg \exists x \neg P(x) \equiv \forall x P(x),$$

lo que, claramente, es mucho más sencillo, legible y comprensible.

Este es un fenómeno de tipo general y concierne a la naturaleza misma de la negación: si se la aplica dos veces, nos encontramos con el punto de partida. Para una frase o expresión F cualquiera,

$$\neg \neg F \equiv F.$$

Es algo similar a lo que sucede con el signo menos[12] en aritmética: si lo encontramos dos veces seguidas, puede eliminarse: $--5$ es lo mismo que 5.

---

[12]Cuando expresa el opuesto aritmético, no el operador de la sustracción.

Cuadrado de las oposiciones deóntico

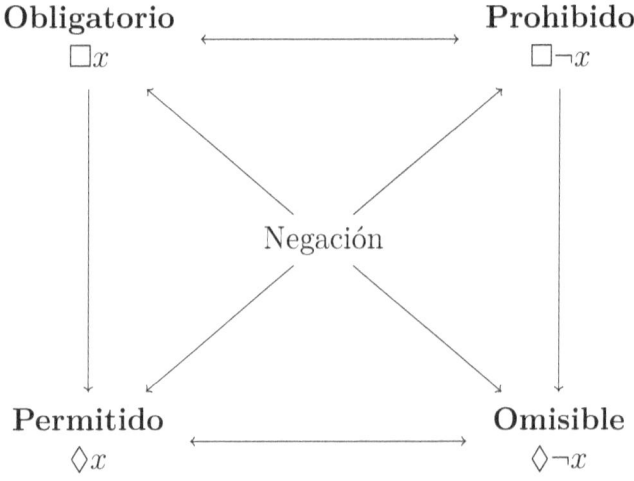

Figura 2: Cuadrado de las oposiciones deóntico

Con los operadores deónticos, podemos desplegar otro cuadrado de las oposiciones, cuyo funcionamiento es idéntico al anterior. El término «omisible», que no habíamos encontrado antes, es un tecnicismo usado para referirse a lo que no es obligatorio, es decir, aquello que está permitido *omitir*: no hacer. Veamos qué equivalencias se pueden leer en el esquema.

Regla ¬□/◇¬

Lo no obligatorio es omisible:

$$\neg\Box x \equiv \Diamond\neg x.$$

Regla ¬□¬/◇

Lo no prohibido está permitido:

$$\neg\Box\neg x \equiv \Diamond x.$$

Regla ¬◇/□¬

Lo no permitido está prohibido:

$$\neg\Diamond x \equiv \Box\neg x.$$

Regla ¬◇¬/□

Finalmente, lo no omisible es obligatorio:

$$\neg\Diamond\neg x \equiv \Box x.$$

La demostración sintáctica

Pongamos a funcionar toda esta maquinaria en el caso que nos interesa: vamos a demostrar que la negación de «todo está prohibido» es «algo está permitido» de una manera nueva.

Demostración. *Escribamos primero la negación misma, «no todo está prohibido»:*

$$\neg\forall x \square \neg x.$$

Ahora «hacemos pasar» la primera negación a la derecha del cuantificador ($\forall$), lo cual nos lo cambia por el otro ($\exists$), por la regla $\neg\forall/\exists\neg$, p. 57:

$$\exists x \neg \square \neg x,$$

es decir, «algo no está prohibido» («existe una cosa tal que no es verdadero que es obligatorio no hacerla»).

El siguiente paso es «hacer pasar» otra vez la negación a la derecha del operador modal (que también cambia, de $\square$ a $\lozenge$) y eliminar a la vez la doble negación (por la regla $\neg\square\neg/\lozenge$, en la p. 61), con lo que obtenemos

$$\exists x \lozenge x,$$

es decir, «Algo está permitido» («existe algo que está permitido [hacer]»), como queríamos demostrar.

Hemos escrito la demostración con el máximo detalle posible, para facilitar su seguimiento y su comprensión; pero, dando por sentada una mayor familiaridad con las notaciones empleadas, podríamos haberla escrito así:

	$\neg \forall x \square \neg x$	*Lo que queremos calcular.*
$\equiv$	$\exists x \neg \square \neg x$	*Regla $\neg \forall / \exists \neg$ (p. 57).*
$\equiv$	$\exists x \Diamond x.$	*Regla $\neg \square \neg / \Diamond$ (p. 61).*

La parte izquierza contiene la demostración completa, y la derecha la referencia a las reglas de equivalencia empleadas. Si estuviésemos todavía más familiarizados con la terminología y las reglas, podríamos haber escrito directamente, sin comentario alguno,

$$\neg \forall x \square \neg x \equiv \exists x \neg \square \neg x \equiv \exists x \Diamond x.$$

¡Una demostración completa en una sola línea! Eso sí, tenemos que dominar las notaciones y las reglas de equivalencia; si no, claro está, no se entiende absolutamente nada.

Las respuestas posibles

[Nota: Esta sección es muy técnica y puede omitirse en una primera lectura].

Como aplicación de todos los conceptos que hemos incorporado a lo largo del capítulo, vamos a considerar una vez más la cuestión de las «respuestas posibles» (p. 36). Contemplemos primero el siguiente esquema, que nos da la idea de toda la combinatoria posible, y de la que ofrecemos también, como referencia, la traducción en palabras:

	∀			∃		
□	∀x	□	x	∃x	□	x
	∀x	□	¬x	∃x	□	¬x
◇	∀x	◇	x	∃x	◇	x
	∀x	◇	¬x	∃x	◇	¬x

Figura 3: Respuestas posibles (fórmulas)

	∀	∃
□	*Todo es obligatorio* *Todo está prohibido*	*Algo es obligatorio* *Algo está prohibido*
◇	*Todo está permitido* *Todo es omisible*	*Algo está permitido* *Algo es omisible*

Figura 4: Respuestas posibles (en palabras)

¿A qué nos referimos, con «toda la combinatoria posible»? A que, en virtud de las reglas de paso de la negación de un lado al otro de los cuantificadores y de los operadores modales, siempre podemos conseguir que haya, como máximo, una sola negación en la fórmula, y que ésta se encuentre, si está presente, «lo más a la derecha posible», es decir, si es el caso, justo antes de la última x.

Consideremos, como ejercicio, las frases que comienzan con «Nada»: veremos que todas son reducibles a una de las ocho anteriores.

Nada es obligatorio. Equivalente a «Todo es omisible», ya que $\forall x \neg \Box x \equiv \forall x \Diamond \neg x$ (por la regla $\neg\Box/\Diamond\neg$, en la p. 61).

Nada está prohibido. Equivalente a «Todo está permitido», ya que $\forall x \neg \Box \neg x \equiv \forall x \Diamond x$ (por la regla $\neg\Box\neg/\Diamond$, en la p. 61)).

Nada está permitido. Equivalente a «Todo está prohibido», ya que $\forall x \neg \Diamond x \equiv \forall x \Box \neg x$ (por la regla $\neg\Diamond/\Box\neg$, en la p. 61).

Nada es omisible. Equivalente a «Todo es obligatorio», ya que $\forall x \neg \Diamond \neg x \equiv \forall x \Box x$ (por la regla $\neg\Diamond\neg/\Box$, en la p. 61).

Idénticas reducciones son posibles para las frases que comienzan con «Algo no»; las dejamos como ejercicio para el lector.

De este modo le hemos dado una significación concreta y formal a la idea, antes difusa, de «respuestas posibles».

CONTRARIO Y
CONTRADICTORIO

> *Una cosa puede ser opuesta a otra de cuatro maneras diferentes; o como lo son los relativos, o como los contrarios, o como privación y posesión, o, por último, como afirmación y negación. Y para servirnos de ejemplos, todas estas cosas son opuestas entre sí, como en los relativos el doble lo es a la mitad; en los contrarios, el bien lo es al mal; en la privación y posesión, la ceguera a la vista; y, en fin, en la afirmación y negación, estar sentado a no estar sentado.*
>
> ARISTÓTELES, *Categorías*, cap. 10, §2-3 [1]

La noción de contrario

En el capítulo que acaba de terminar hemos introducido toda una batería de esquemas, símbolos y notaciones para poder hacer frente a nuestro problema. Ahora nos corresponde hacer uso de ellos para intentar averiguar por qué se han producido las respuestas que se han producido; ocupémonos primero de las «pertinentes».

Si echamos un vistazo a la tabla de esas respuestas (p. 37), nos saltarán a la vista dos, «Todo está

permitido» y «Nada está prohibido», equivalentes
entre sí y elegidas en su conjunto por veinticinco
personas, prácticamente un sesenta por ciento de
los encuestados (p. 39).

Vamos a introducir primero una pequeña variación en nuestro cuadrado de las oposiciones (p. 57):

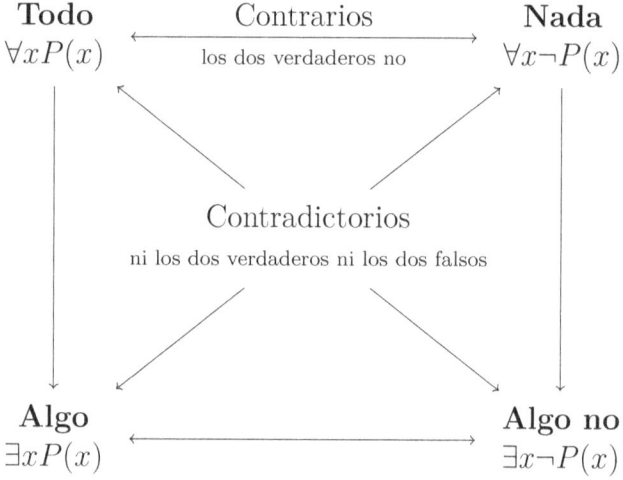

Figura 5: **Cuadrado de las oposiciones (Contrario y
contradictorio)**

Aparecen dos conceptos nuevos. El de *contra-*
dictorio, en realidad, es un viejo conocido: ocupa el
lugar antes etiquetado como «Negación». Nos proporciona otra manera de definir la negación: si dos
conceptos son contradictorios, uno es la negación

del otro, y viceversa. La explicación «ni los dos verdaderos ni los dos falsos» es una manera de pensar el conjunto de una frase F y su negación G: cuando F es la negación de G, si F es verdadera G tiene que ser falsa, y viceversa, por lo que es imposible que F y G sean las dos verdaderas o las dos falsas a la vez.

El de *contrario* es realmente nuevo. Lleva como explicación «los dos verdaderos no». ¿Qué quiere decir esto? Que si F y G son contrarios, entonces no pueden ser las dos verdaderas a la vez *(pero sí que pueden ser las dos falsas a la vez)*.

Todo esto es quizás muy abstracto; seleccionemos un ejemplo para hacerlo más claro. Sigamos con nuestro cuadro, pero leamos ahora P como «estar prohibido». No puede ser a la vez que *todo* esté prohibido y *nada* esté prohibido, esto es muy claro. Pero sí que puede ser que las dos cosas sean falsas: es perfectamente posible que haya algo que esté prohibido y algo que no esté prohibido. En nuestro mundo, en el mundo real, pasa eso.

¿Se intuye ya hacia dónde nos dirigimos? Resulta que esas respuestas erróneas, esas que han proporcionado casi el sesenta por ciento de los encuestados, son justamente *el contrario* de la frase-problema, en vez de *su negación*.

Ello va a convertir a esa noción de *contrario* en algo de máximo interés para nuestro estudio: quizás examinándola con detenimiento consigamos averiguar qué motivó el error, verdaderamente masivo.

¿Qué es, exactamente, un contrario?

Aristóteles consideraba lo *contradictorio* (el par afirmación-negación) y lo *contrario* como especies del género «oposición». En el pensamiento aristotélico encontramos una noción de *extremo* asociada a la idea de contrario: el bien es lo contrario del mal, el color blanco es lo contrario del negro, etcétera. Pero hay más colores, además del blanco y el negro. ¿Por qué son precisamente el blanco y el negro contrarios? Para Aristóteles, porque son *los más distintos*: estarían, diríamos nosotros, en los *extremos* de la paleta de colores.[13]

Si algo es blanco, no puede ser negro, y si es negro, no puede ser blanco. Pero algo puede no ser ni blanco ni negro, por ejemplo, si es gris, o verde.

Todo esto es muy claro. Por eso los contrarios no pueden ser los dos verdaderos a la vez, pero sí los dos falsos a la vez.

---

[13] «Los contrarios son también posibles respecto de la cualidad. Así, la justicia es lo contrario de la injusticia, la blancura de la negrura, etcétera. [...] Esta propiedad, sin embargo, no es general; y así encarnado, pálido o cualquiera otro de los colores no tienen contrario, aunque sean también calificativos», *Categorías*, 8, §22-23 [1].

¿Qué pasaría si sólo retuviésemos esta última condición como definición del concepto de contrario, y olvidásemos la noción de ser «los más distintos» que, por otra parte, no termina de estar bien definida?[14]

Que obtendríamos una noción más moderna y más fácilmente manejable: dos frases son contrarias *si y sólo si* no pueden ser las dos verdaderas a la vez, pero sí que pueden ser las dos falsas a la vez.[15]

A partir de aquí, usaremos esta noción más moderna de contrario.

Propiedades de los contrarios

Vamos a explorar algunas propiedades de los contrarios, tal como los hemos definido.

1) *Una frase y su contraria no pueden ser las dos verdaderas a la vez.*

2) *Es posible que una frase y su contraria sean las dos falsas a la vez*: puede ser, y de hecho es

---

[14]Al menos para nosotros: paletas de colores podemos imaginar muchas, y no necesariamente tendremos a lo blanco y a lo negro en sus extremos. O serán paletas no lineales. No hay nada en el en sí del color que distinga necesariamente unos extremos dados.

[15]Para la cuestión de la negación, los contrarios y la contradicción, *cfr.* el muy detallado «Negation», de Laurence R. HORN y Heinrich WANSING [10].

así en el mundo real, que ni todo esté prohibido ni nada esté prohibido. Una frase y su contraria no cubren todos los casos posibles: el conjunto de las dos frases no es *exhaustivo* (o, si se quiere decir de otro modo, no se aplica en este caso la ley del tercero excluido).

3) *Una frase puede tener más de un contrario.* Por ejemplo, «esto es verde» y «esto es rojo» son contrarias (pues nada puede ser a la vez verde y rojo), pero también lo es la primera frase y «esto es blanco» (o negro, o cualquier color diferente del verde que se nos ocurra).

El lenguaje coloquial parece no recoger esta posibilidad, pues se refiere a *lo* contrario, como si sólo pudiese haber uno.

Esta propiedad nos interesa especialmente. Recordemos que muchos encuestados han ofrecido varias respuestas no equivalentes entre sí; tendremos que averiguar cuántas de ellas son *contrarios no equivalentes*. Realizamos ese examen en la sección titulada «Naturaleza del error» (p. 94).

4) *Si un contrario de una frase F es verdadero, F tiene que ser falsa* (ya que una frase y su contraria no pueden ser las dos verdaderas a la vez, es nuestro punto 1). Por tanto, si podemos demostrar que es verdadero un contrario de F, habremos demostrado a la vez que F es falsa.

Fuerza retórica de los contrarios

> *Contradecir: 1. Dicho de una persona: Decir lo contrario de lo que otra afirma, o negar lo que da por cierto.*
> *2. Dicho de una cosa: Probar que algo no es cierto o no es correcto.* Los datos contradicen las previsiones.
>
> RAE

Consideremos una vez más el punto 4 de la lista anterior. En una conversación, si lo que queremos es ganársela al otro, que está defendiendo una tesis F, nos alcanza con conseguir encontrar un contrario de F que sea verdadero: si el contrario es verdadero, F tiene que ser falso, nuestro interlocutor está equivocado, y nosotros hemos ganado el debate, tenemos razón.

Parece ser lo que ha pasado con esas respuestas. Se contestó con un contrario en vez de con la negación, porque *el contrario es suficiente para probar que no es cierto aquello a negar*. El contrario, en ese aspecto, da la impresión de que «niega», porque *prueba que algo no es cierto*, pero en realidad no coincide con la negación como contradicción.

Esto lo intuye perfectamente uno de los encuestados, que proporciona dos respuestas: la primera es la demasiado sencilla, y la segunda es la que nos ocupa ahora. En los comentarios, añade: «La primera sería la negación literal, utilizar el "no" para negar una afirmación. La segunda opción sería *la negación a través de buscar el contrario*» (énfasis mío). El único problema con su segunda opción es que el contrario... no es la negación.

Otro incluye, dentro de una explicación más amplia, lo siguiente: «Si hay que negar que todo está prohibido, prefiero *argumentar lo contrario* de prohibido, que es permitido» (énfasis mío). Incidentalmente, lo contrario de «prohibido» no es «permitido», sino «obligatorio»; «permitido» y «prohibido» son precisamente contradictorios entre sí.

Otro más intuye el concepto de contrario, aunque no encuentra la palabra: «Creo que realmente no representa la negación de la afirmación inicial, sino que es como una "transposición" (me invento la palabra) del elemento categórico (todo/nada, prohibido/permitido)».

Aún otro concuerda con nuestra descripción de la fuerza retórica de los contrarios: «Desde el punto de vista social/familiar/coloquial, si me pidieran "la negación" me saldría rápidamente algo como "Nada está prohibido"» (y a continuación ofrece como válida la respuesta demasiado sencilla).

Todos ellos tienen parte de razón, pero no la tienen del todo. No se trataba, en efecto, de ganar un debate en una conversación, ni de «volver falsa» la frase «Todo está prohibido». En una conversación, se supone que uno *cree* en lo que sostiene.[16] Si uno

---

[16]Esto, en sí, es muy discutible, porque deja de lado los

cree en lo que sostiene (y además tiene razón), si
enuncia un contrario de F, ha demostrado que F
es falsa. Pero nosotros *no necesitábamos creer en
la realidad de «Todo está prohibido» ni de su negación*,[17] estábamos simplemente buscando una relación formal («ser la negación») entre «Todo está
prohibido» y la negación buscada, que ha resultado
ser «Algo está permitido», sin cuestionarnos si alguna de esas frases corresponde o no a la realidad,
y sin necesidad de creer en ellas o de sostenerlas.[18]

Ganar una conversación, conseguir «tener razón», no implica de ningún modo haber encontrado
la negación de lo que el otro sostenía.

Necesario y suficiente

La afirmación del contrario «vuelve falso»: si
afirmo que todo está permitido, estoy a la vez ne-
gando, implícitamente, que todo está prohibido (ya
que las dos cosas juntas a la vez no pueden ser).
Pero *¿hacía falta tanto?* No era *necesario* que *todo* estuviese permitido, era *suficiente* con que *algo*

---

cuentos, los chistes, los relatos en tercera persona, los lapsus,
etcétera

[17]A este respecto, *cfr.* la sección titulada «El entrecomi-
llado y el poder», en la p. 127.

[18]Son muchas suposiciones, aunque sean las habituales.
Emprendemos una revisión crítica de ellas en la parte titulada «Siete impertinencias» (p. 117).

estuviese permitido. El contrario basta, alcanza, es *suficiente*, para negar.

La negación de F es *suficiente* para que F sea falsa, como un contrario. Pero a la vez tiene que ser *necesaria* para que F sea falsa.

El contrario hace «la mitad del trabajo» de la negación: *garantiza* que, si él es verdadero, aquello a negar será falso; pero no que si aquello a negar es falso, él mismo sea verdadero: esta es la «mitad» de la negación que no puede garantizar.

Uso rutinario de lo contrario en la ciencia

El hecho de que la verdad de un contrario de F sea suficiente para garantizar la falsedad de F se utiliza habitualmente en la ciencia: si queremos demostrar que F es falsa, nos basta con encontrar un *contraejemplo*, es decir, *un contrario cualquiera* de F que sea verdadero: demostrando que ese contrario concreto es verdadero, demostramos a la vez que F es falsa (pues no podrían ser las dos verdaderas a la vez). Esto quiere decir que, en general, puede haber maneras muy variadas de demostrar que algo es falso, pues nos basta con elegir un contrario cualquiera que sea verdadero.

Las tres negaciones

Consideremos una vez más nuestro problema. Se trata de encontrar la negación de la frase «Todo está prohibido». Hemos escrito esa frase así:

$$\forall x \square \neg x,$$

es decir, «para todo x, [es] obligatorio no [hacer] x». Ya sabemos cuál es la solución correcta: «Algo está permitido», que se deriva de

$$\neg \forall x \square \neg x.$$

Ahora bien, si consideramos la fórmula a negar, $\forall x \square \neg x$, observaremos que hay *tres* lugares donde podemos insertar un símbolo de negación:

$$\textcircled{1}\, \forall x\, \textcircled{2}\, \square\, \textcircled{3}\, \neg x.$$

$\textcircled{1}$. Ya sabemos qué pasa si insertamos la negación en la primera posición: obtenemos la solución correcta, «Algo está permitido». ¿Qué pasa con los demás lugares? Probémoslo.

$\textcircled{2}$: Obtenemos

$$\forall x \neg \square \neg x,$$

que se transforma, en virtud de la regla $\neg\Box\neg/\Diamond$ (p. 61), en

$$\forall x \Diamond x,$$

es decir, «Todo está permitido». ¡Justamente el contrario, la opción elegida por prácticamente el sesenta por ciento de los encuestados!

Es otra manera de intentar comprender la cuestión: *la negación se ha insertado, pero en el lugar incorrecto.*

③. Vamos a ver qué pasa si insertamos ahora una negación en la tercera posición:

$$\forall x \Box \neg\neg x.$$

Podemos eliminar la doble negación (p. 59), y obtendremos

$$\forall x \Box x,$$

es decir, «Todo es obligatorio», opción que no ha elegido ninguno de los encuestados. Es interesante observar que «Todo es obligatorio» es también un contrario de «Todo está prohibido», puesto que las cosas no pueden a la vez ser obligatorias y estar prohibidas.

Las demás respuestas

Si consultamos la tabla de la página 39, observaremos que, además de las respuestas correctas (demasiado sencillas o no) y de «Todo está permitido», sólo quedan dos.

Una es «Nada está permitido», elegida por cuatro personas (después esa respuesta desaparece del cómputo final, porque siempre se ha elegido en compañía de otra respuesta no equivalente). «Nada está permitido» es

$$\forall x \neg \Diamond x;$$

si «hacemos pasar» la negación hacia la derecha, en virtud de la regla $\neg\Diamond/\Box\neg$ (p. 61), obtenemos

$$\forall x \Box \neg x,$$

es decir, «Todo está prohibido», ¡la frase original! Uno de los encuestados lo advierte en los comentarios, mientras que otro, que claramente no lo ha hecho, lo denomina «la negación semántica».

La otra respuesta, y con esto agotamos el análisis de las respuestas «posibles», es «Algo está prohibido», que no puede ser un contrario (y tampoco la negación) de «Todo está prohibido» por la sencilla razón de que es una *consecuencia* de «Todo está prohibido»: si *todo* está prohibido, tiene que haber *algo* que esté prohibido.[19] El esquema aristotélico

---

[19]Esto supone que el conjunto que estamos manejando tenga algún elemento, es decir, está en juego lo que se de-

reserva un nombre para este tipo de relación entre las frases: «Algo está prohibido» es *subalterna* de «Todo está prohibido».

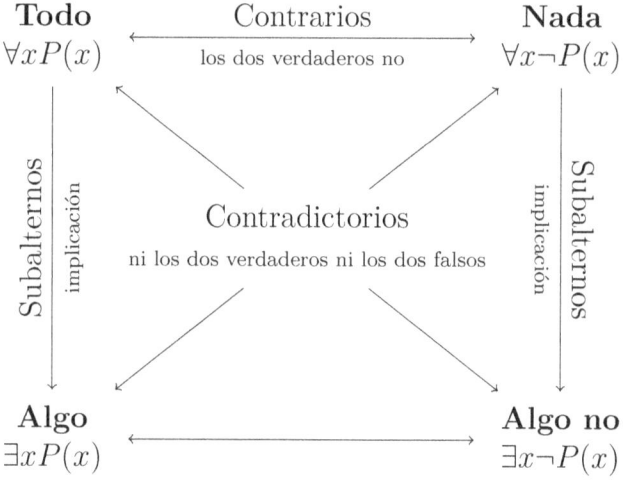

Figura 6: Cuadrado de las oposiciones (Contrario, contradictorio, subalternos)

nomina una implicación de existencia, como vamos a ver en detalle en la próxima sección.

Víctimas colaterales

> *Obra que procura auxiliar al estudiante a lograr*
> *la «intuición de lo abstracto» tan esencial en la*
> *mente de un matemático moderno.*
>
> Jean DIEUDONNÉ, en el subtítulo de su
> *Fundamentos del Análisis Moderno* [5]

Más de un lector se lo estará preguntando: si el cuadrado de las oposiciones es tan útil, si integra en una sola figura tantos conceptos, si funciona tan maravillosamente bien como sistema mnemotécnico, ¿por qué ya prácticamente no se estudia, ni siquiera en la facultad de Matemáticas ni en la de Filosofía?[20]

Por razones muy variadas y, como se verá enseguida, cargadas de ideología y de política. Alessio Moretti, de la facultad de Filosofía en la Universidad de Neuchâtel, lo resume admirablemente en su *Why the Logical Hexagon?* (2012):

> Se puede decir razonablemente que el cuadrado de las oposiciones cayó súbitamente en desgracia, a principios del siglo XX, cuando el desarrollo de la lógica matemática (y de la filosofía analítica) coincidió con el abandono de la lógica aristotélica [...]. Por lo que parece, una de las razones principales es que la filosofía analítica, en su corriente mayoritaria, «condenó

---

[20]En los estudios considerados generales.

a muerte», por así decir, al cuadrado de
las oposiciones, y ello se debió, por lo que
parece, al menos a tres razones: (i) debido a la antigua paradoja de la «implicación existencial indebida» que acarrea el
cuadrado lógico; (ii) debido a su *aparien-*
cia esotérica [...]; y (iii) *debido a la llama-*
da «Guerra Fría», cada vez más furiosa,
entre el bando USA y el bando USSR [14,
pp. 71ss, trad. y resaltados míos].

La «apariencia esotérica»

Nos ocuparemos de la «implicación existencial
indebida» más adelante; pero ¿qué decir de la su-
puesta «apariencia esotérica» del cuadrado? ¿En
qué aspecto sería el cuadrado nada menos que «esotérico»? Al contrario: el cuadrado es una excelente
herramienta mnemotécnica, y resume, en su sencilla geometría, una gran cantidad de propiedades
importantes; aquí no las hemos resaltado todas,
puesto que nuestro objetivo no es el estudio exhaustivo del cuadrado.

Cuando estudiaba Matemáticas, tuve que manejar el libro de Dieudonné [5] que incluye la frase
que encabeza este apartado. Recuerdo que me pareció un libro especialmente detestable. Mientras
estudiaba bachillerato, había adquirido el hábito de
entretenerme ojeando el monumental *Análisis Ma-*

temático de Rey Pastor, Pi Calleja y Trejo [16, 17, 18], y me había dejado fascinar, entre otras muchas cosas, por las maravillosas figuras, que hacían volar mi imaginación y contribuyeron a estimular en mí el deseo de estudiar esa ciencia. Ya sólo los nombres mismos de los objetos matemáticos eran absolutamente fascinantes: la Espiral de Coriolis, la Lemniscata, las transformadas de Fourier, la Ecuación Fundamental de las Matemáticas... Quedé, por así decir, seducido por la poética de las matemáticas.

Quería saber más; para ser más preciso, como era muy joven, en aquel momento aspiraba a saberlo todo. Por eso me matriculé en la facultad de Matemáticas... sólo para llevarme una tremenda decepción. Los profesores eran casi todos bourbakistas,[21] y los libros que recomendaban eran también de esa corriente. En particular, el libro de Dieudonné—él mismo uno de los integrantes del grupo Bourbaki— contenía, en las primeras páginas, una admonición que me produjo una enorme repugnancia:

> La generalidad deseada exige una estricta aplicación de los métodos axiomáticos, *sin hacer ninguna llamada a la «intuición geométrica»* por lo menos en las demostraciones formales, lo que ha movido a *evitar*

---

[21]Una corriente de las matemáticas extremadamente formalista.

toda representación gráfica en este libro.
Mi opinión es que el estudiante graduado
actual, debe adquirir un entrenamiento lo
más completo posible en esa forma abstracta y axiomática de razonar, si quiere
entender y situarse en la línea de la investigación matemática de hoy. Este volumen aspira a *ayudar al estudiante a alcanzar esta «intuición de lo abstracto»* que es
tan esencial en la mente de un matemático
moderno [5, pp. 1-2, énfasis míos].

¿En qué sentido una figura o un esquema serían *poco abstractos*? ¿Por qué tiene que estar mejor, ser más «moderno», «alcanzar la intución de lo
abstracto» que recurrir a la «imaginación geométrica», tan detestable, por lo visto, que hay que «evitar toda representación gráfica»? ¿Acaso ha sentido
el lector que estamos estudiando cosas *demasiado
concretas*, al manejar el cuadrado aristotélico? Es
una idea monstruosa, realmente aberrante. Pero es
una idea que se impuso, y durante mucho tiempo. En cierto modo, todavía perdura: los textos actuales de matemáticas suelen tener, por lo general,
muy pocas figuras.

El cuadrado y la guerra fría

El lector se habrá sentido sorprendido también
por la referencia de Moretti a la Guerra Fría. ¿Qué

demonios tendrá que ver la lógica nada menos que
con la Guerra Fría? El cuadrado de las oposiciones
pertenece a la lógica aristotélica y, de ese modo,
tanto a la filosofía como a la lógica. La lógica aparece como una de las ciencias más puras, es la base
misma de la ciencia y de la filosofía; se la suele pre-
sentar como algo atemporal, platónico, inmutable.
¿Cómo puede ser que lo atemporal quede conta-
minado por algo tan concreto, tan banal desde el
punto de vista intelectual, como la Guerra Fría?
Veamos qué tiene que decirnos Moretti al respecto:

> En lo que concierne a la Guerra Fría, la
> distinción entre «contradicción» [...] y
> «contrariedad» [...], crucial para el cua-
> drado [...], probablemente hacía recordar
> demasiado a la noción filosófica de «dia-
> léctica»: reducir la «oposición» a la «con-
> tradicción» (esto es, al operador de la ne-
> gación) tenía el propósito de demostrar, a
> largo plazo, que la «lógica dialéctica» (el
> espinazo [*backbone*] formal del marxismo)
> no es científica, mientras que la lógica ma-
> temática sí lo es [14, p. 72, trad. mía].

Vamos de desilusión en desilusión. Primero nos
dicen que el cuadrado es «esotérico»; después, que
la «intuición geométrica» es poco «moderna» y debe ser reemplazada por «la intuición de lo abstracto», hasta el punto de «evitar toda representación

gráfica»; y ahora nos enteramos de que eliminando el cuadrado... ¡nos están salvando de las hordas rojas! Nuestra creencia en una ciencia pura, abstracta e incontaminada por las modas efímeras y los debates materiales ha quedado seriamente dañada. Seriamente: no parecen, precisamente, razones demasiado serias para tomar decisiones de este calibre.

Pero prosigamos: nos queda todavía un aspecto por abordar; hagámoslo ahora, y averigüemos si tenemos, una vez más, que seguir desilusionándonos.

La implicación existencial y la teoría de conjuntos

La práctica totalidad de las matemáticas actuales puede ser representada usando la teoría de conjuntos. Un conjunto es una colección de elementos, y está definido unívocamente por esos mismos elementos. Entre los conjuntos, el más sencillo de todos es el que no tiene ningún elemento, el conjunto de cero elementos, que se denomina *conjunto vacío*. Sobre ese conjunto vacío se edifica toda la teoría de conjuntos.[22]

---

[22]De maneras que al lego y al matemático poco interesado por estas cuestiones le pueden llegar a parecer muy artificiosas. Por otra parte, también hay teorías de conjuntos que aceptan *elementos primordiales* (o *ur-elementos*), como los números naturales, cuya existencia se postula, del mismo modo que suele postularse la del conjunto vacío.

¿Qué quiere decir esto? Que a base de combinar el conjunto vacío, de fabricar un nuevo conjunto cuyo único componente es el propio conjunto vacío, después otro nuevo cuyos únicos componentes son el conjunto vacio y el nuevo conjunto que acabamos de fabricar, el conjunto que sólo contiene al conjunto vacío,[23] y así sucesivamente, buscando todas las combinaciones, *hasta el infinito y más allá*,[24] aunque pueda parecer increíble, se pueden construir conjuntos que representan objetos y otros conjuntos que representan operaciones, y se consigue que funcionen en todo como si fuesen, por ejemplo, los números reales, o el plano cartesiano, o los quebrados, y así sucesivamente, hasta capturar el sentido de la totalidad de las matemáticas.[25]

---

[23]En este punto, el lector preocupado por los trabalenguas suspirará aliviado por el hecho de que nuestro tema central *no* sea la teoría de conjuntos.

[24]En serio. Las matemáticas son una cosa muy rara, y la teoría de conjuntos todavía más.

En otro orden de cosas, se han diseminado con amplitud insistentes habladurías en las que se sostiene que Buzz Lightyear, a quien se atribuye la frase que hemos resaltado, fue en realidad un hijo bastardo de Georg Cantor, inventor de la teoría de los números transfinitos, y de determinada princesa Disney, que consiguió, no sin tener que soportar graves inconvenientes, preservar *in extremis* su intimidad y anonimato. Dichos rumores, según ha demostrado la historiografía moderna, carecen de todo fundamento.

[25]Para un ejemplo particularmente impresionante de lo

Todas las matemáticas conocidas, o casi todas, prácticamente todas, se pueden representar mediante (o «reducir a») la teoría de conjuntos.

Y en la teoría de conjuntos, el conjunto vacío, el que no tiene elementos, tiene un papel destacadísimo.

Pues bien: resulta que, si consideramos la posibilidad de que aquello de lo que estamos hablando, lo que se denomina nuestro *universo de discurso*,[26] sea el conjunto vacío, el cuadrado aristotélico de las oposiciones se desmonta casi por completo. Nuestros cuantificadores, cuando operan sobre el conjunto vacío, producen resultados raros. Por ejemplo, si escribimos

$$\forall x P(x),$$

«para todo x, x tiene la propiedad P» y nuestro universo de discurso es el conjunto vacío, la fórmula que hemos escrito pasa a ser automáticamente

compleja y antiintuitiva que puede llegar a ser esa representación, *cfr.* la sección titulada «Define tus términos», en la p. 154, y especialmente la figura 10 en la p. 158. Sería interesante saber si la fórmula contenida en dicha figura estimularía o no en los bourbakistas la «intuición de lo abstracto».

[26]Para una discusión más amplia de la noción de universo de discurso, *vid. infra* la sección titulada «Indefinibilidad del todo» (p. 124).

verdadera, *independientemente de la propiedad P que hayamos elegido.*

El argumento es el siguiente: en verdad, cada vez que hemos elegido un elemento x, hemos podido comprobar que tiene la propiedad P. «¡Pero si nuestro universo de discurso no tiene elementos!», gritará nerviosamente alguien. Pues precisamente por eso: como *no hemos tenido oportunidad de elegir ningún elemento x que no tiene la propiedad P* (porque nuestro universo de discurso está vacío), entonces todos los que hay (es decir, ninguno) tienen la propiedad P.[27]

Si al lector el argumento le parece un poco raro, que no se preocupe demasiado: realmente se trata de un argumento un poco raro. Pero es el que está aceptado en la comunidad matemática, son cosas que en general no se cuestionan (a menos que uno esté estudiando exactamente eso, en cuyo caso se les da todas las vueltas posibles): se aprenden, y se hace ver que son naturales.

En la teoría clásica, el $\forall x P(x)$ de nuestro cuadrado supone que existen xs, lo que se conoce como *implicación de existencia* (*existential import* en in-

---

[27]Puesto que P puede ser arbitraria, podemos substituir $P(x)$ por $P(\neg x)$ y obtener el mismo resultado. Si leemos P como «prohibido», todo es a la vez prohibido y obligatorio. Haremos uso de este hecho más adelante, a partir de la sección titulada «El colapso deóntico», en la p. 136.

glés). Lo mismo se aplica a su contrario, $\forall x \neg P(x)$.

Veamos qué pasa ahora con nuestro cuadrado de los cuantificadores, cuando el universo de discurso es vacío: $\forall x P(x)$ es verdadero, como acabamos de ver, del mismo modo que lo es $\forall x \neg P(x)$, por la misma razón. Pero entonces «todo» y «nada» ya no son contrarios, porque son los dos verdaderos a la vez.

Del mismo modo, los subalternos dejan de funcionar. Que sea verdadero (vacuamente[28]) que $\forall x P(x)$ ya *no* implica que $\exists x P(x)$, pues no hay elementos en el conjunto vacío. Lo mismo sucede para el subalterno de la derecha, y para la flecha de abajo, con la que no hemos tenido oportunidad de familiarizarnos.[29]

Así, los contrarios, los subalternos y los subcontrarios dejan de funcionar cuando el universo de cuantificación está vacío. Las únicas relaciones que subsisten son las que se dan entre los contradictorios, y ello por una razón banal, puesto que las universales son vacuamente verdaderas, y las existenciales vacuamente falsas.

Si admitimos que nuestro universo de discur-

---

[28]Tecnicismo a veces usado para referirse a que estamos cuantificando sobre un conjunto vacío.

[29]Los llamados *subcontrarios*, que no pueden ser los dos falsos a la vez, aunque sí que pueden ser los dos verdaderos a la vez.

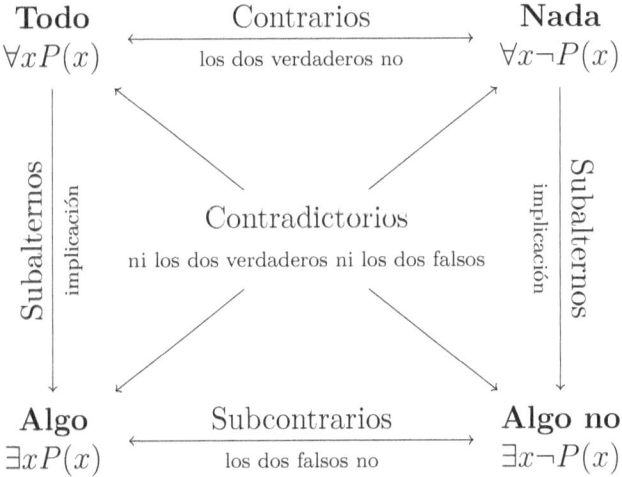

Figura 7: Cuadrado de las oposiciones (Completo)

so puede estar vacío, entonces, el cuadrado de las oposiciones deja de funcionar. Y si queremos que el cuadrado de las oposiciones funcione, no podemos admitir universos de discurso no vacíos. Como no nos interesa no admitir la posibilidad de que los universos de discurso estén vacíos, tiramos el cuadrado de las oposiciones a la basura, y ya está.[30]

---

[30]Salvo, claro está, en el caso de determinados especialistas, que lo siguen estudiando a todo trapo. Por ejemplo, entre los días 17 y 20 de junio de 2010 se celebró en Córcega el Segundo Congreso Mundial sobre el Cuadrado de las Oposiciones. *Cfr.* https://www.square-of-opposition.org/

Veamos cómo lo explica Moretti:

> En cuanto al primer problema [la impli-
> cación de existencia], mientras que los ló-
> gicos medievales, conscientes de esta pa-
> radoja, intentaron encontrar maneras de
> minimizarla (como restringir el alcance de
> la cuantificación), los filósofos analíticos
> parecen haber decidido que la única co-
> sa sensata que se podía hacer era *tirar*
> [throw away] *el cuadrado lógico a la basu-*
> *ra, como algo inútil, de una vez por todas*,
> dando como motivación que «la única re-
> lación de oposición aristotélica significati-
> va [*meaningful*] es la "contradicción" (i.e.,
> la "negación lógica")» [...] [14, p. 72, trad.
> y énfasis míos].

Así son las cosas. Es una decisión que se presenta como pedagógica, cuando esconde sorpren-
dentes decisiones estéticas y antirreligiosas (el cuadrado sería «esotérico»), además de infantiles pero
no por ello menos perniciosas precauciones políticas («eliminemos todo lo que se relacione con la
pérfida dialéctica marxista»).

---

square2010.html, pero cuidado al clicar, que se dispara
una musiquita francamente irritante.

En lo pedagógico tampoco parece, para decirlo todo, una opción muy acertada.[31] El argumento sería el siguiente: si la gente aprendiese demasiado bien el cuadrado de las oposiciones, entonces se armaría lío después con el conjunto vacío. Es un argumento por lo menos discutible. El cuadrado de las oposiciones es algo muy útil, y con el conjunto vacío siempre pasan cosas raras. Pero en matemáticas y en filosofía también hay modas, y las modas, como las guerras, generan sus propias víctimas colaterales.

Además, lo hacen de un modo impredecible, que genera consecuencias también impredecibles: no creemos que los filósofos analíticos que «condenaron a muerte» al cuadrado de las oposiciones hubiesen estado de acuerdo con la idea de reducir entre la población el nivel de discriminación entre los contrarios y los contradictorios, ni mucho menos entre la población culta, incluso muy culta, como nuestros encuestados.

Pero es lo que ha sucedido. Sería interesante poder echar un vistazo al futuro para enterarse de cómo seremos juzgados por los humanos de los siglos venideros.[32]

---

[31]Por lo demás, tiene también otras consecuencias *políticas*, y además muy graves, que examinaremos más adelante. *Vid. infra*, el capítulo titulado «Sobre el sentido crítico» (p. 169).

[32]Suponiendo que el conjunto de esos humanos no ter-

Naturaleza del error

En resumen, nuestros encuestados han incurrido en un error masivo: muchos han contestado como si lo que se les hubiese demandado fuese un *contrario* de «Todo está prohibido», en vez de un *contradictorio*: de hecho, parece que *no distinguen bien* entre los contrarios y el contradictorio; por esa razón, con toda probabilidad, varios de ellos ofrecen las dos opciones simultáneamente.

Se nos abre, entonces, la posibilidad de reexaminar nuestros resultados desde este nuevo punto de vista.

Si quisiésemos saber qué han contestado, *suponiendo ahora que la pregunta hubiese sido sobre un contrario o un contradictorio* (y no sólo sobre un contradictorio), deberíamos reelaborar las respuestas a partir de nuestra segunda discriminación (p. 38); la tercera, relativa a las respuestas no equivalentes, ya no se aplicará, puesto que contrarios puede haber varios, y cuando hay varios pueden ser distintos, es decir, no equivalentes entre sí (mientras que eso no sucede con la contradicción, que es una sola salvo equivalencias).

---

mine también, él mismo, por ser vacío, cosa en la que, al menos desde ciertos puntos de vista, parecemos ciegamente empeñados.

Eliminaremos, pues, las respuestas «no pertinentes»; las demás se agruparán según las combinaciones de las siguientes categorías: demasiado sencillas (lo que se etiqueta como «sencilla» en la tabla
7), contradictorias (es decir, la negación), contrarias, subalternas, y la identidad misma (es decir, la
misma frase de partida, pero en otra formulación).
Las combinaciones elegidas son las mostradas en la
tabla 7.

Respuestas	Núm.	%
No pertinentes	3	7,14%
No contesta	2	4,76%
Demasiado sencilla	11	23,19%
Contraria	9	21,43%
Contraria y sencilla	9	21,43%
Identidad y contraria	4	9,52%
Contradictoria y sencilla	2	4,76%
Contraria y sencilla	1	2,38%
Subalterna y sencilla	1	2,38%
Total	**42**	**100,00%**

Tabla 7: Respuestas según la forma lógica

Si ahora eliminamos de la clasificación las respuestas demasiado sencillas y las damos por buenas, obtenemos la tabla 8 (p. 96).

Respuestas	Núm.	%
No pertinentes	3	7,14%
No contesta	2	4,76%
Contradictoria	13	30,95%
Contraria y contradictoria	10	23,81%
Contraria	9	21,43%
Identidad y contraria	4	9,52%
Subalterna y contradictoria	1	2,38%
Total	42	100,00%

Tabla 8: Respuestas según la forma lógica, sin demasiado sencillas

Finalmente, si olvidamos la distinción entre contrario y contradictorio y agrupamos esas respuestas, obtenemos la tabla 9.

Respuestas	Núm.	%
No pertinentes	3	7,14%
No contesta	2	4,76%
Contraria o contradictoria	32	76,19%
Identidad y contraria	4	9,52%
Subalterna y contradictoria	1	2,38%
Total	42	100,00%

Tabla 9: Respuestas según contrario o contradictorio

Lo que confirma nuestra hipótesis: las respuestas de los encuestados son ahora mayoritariamente correctas, *si abolimos la distinción entre lo contradictorio y lo contrario*. Han contestado a una pregunta distinta a la que se les hacía, pero esa otra pregunta que han entendido que se les hacía la han contestado estupendamente. Y si han producido, en tantos casos, respuestas no equivalentes, es porque esa otra pregunta las permite, en esa interpretación son perfectamente válidas.

El problema que nos intrigaba acerca de las contestaciones erróneas y las no equivalentes ha sido resuelto, pero sólo *a medias*: hemos averiguado *cómo* se han equivocado nuestros encuestados, pero todavía nos resta conocer *por qué* se han equivocado, casi todos, de esa manera singular. Nos ocuparemos de esa cuestión en el próximo capítulo.

LA EXCLUSIÓN DEL TERCERO EXCLUIDO

Entre nuestros encuestados, tres de cada cuatro contestan a una pregunta sobre la negación como si esa misma pregunta hubiese sido formulada sobre los contrarios, no sobre la negación. ¿Por qué sucede una cosa así? ¿Será una casualidad, una contingencia? Nuestras impresiones no nos llevan en absoluto en esa dirección: aunque esta es la primera vez que nos dedicamos a recopilar resultados de una manera sistemática, la tendencia a contestar con un contrario en vez de con un contradictorio ya había sido advertida con anterioridad por nosotros.[33]

---

[33]Sólo que en esas ocasiones no nos habíamos apropiado de la terminología pertinente a la cuestión, con lo cual no podíamos encarar eficazmente el problema: íbamos a ciegas, veíamos que todos se equivocaban de la misma manera, pero no comprendíamos todavía cómo conceptualizar ese fenómeno.

Algunas referencias científicas

Podríamos, desde luego, dedicarnos a repetir el experimento, con encuestados distintos y muestras quizás más amplias, e ir refinando así nuestras hipótesis y nuestros hallazgos. Por suerte, eso no va a ser necesario, ya que aproximadamente un mes después de la difusión de los primeros borradores del presente informe, pudimos hallar, en la literatura científica, un aliado inesperado. Por lo visto, y sin habérnoslo propuesto, hemos ido a encallar en un problema que ya ha sido detectado por otros, que han escrito copiosamente sobre ello.

Nos referimos, en particular, a la obra de Laurence R. Horn (1945) [12, 20], profesor emérito de Lingüística y Filosofía en la Universidad de Yale. El Dr. Horn estudia, entre otras muchas cosas, la negación (es el autor de una monumental *Historia natural de la negación*[34] [7]), para lo cual se sirve, como hemos hecho nosotros, de los cuadrados de oposición aristotélicos. Y, al respecto, expone una serie de hechos que nos van a resultar de lo más interesantes y esclarecedores.

---

[34]Cuando es posible, incluímos referencias a otras publicaciones del mismo autor consultables en línea, para facilitar su consulta a los que no dispongan del libro de HORN.

Etiquetado tradicional del cuadrado de las oposiciones

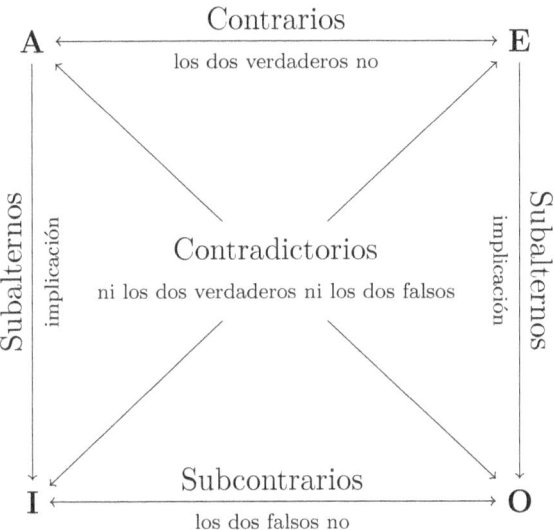

Figura 8: Cuadrado de las oposiciones, etiquetado tradicional

Muchas de las reflexiones que precisamos abordar ahora se refieren al etiquetado tradicional del cuadrado de las oposiciones. Los cuatro vértices del cuadrado se etiquetan A, E, I y O, de acuerdo con las siguientes reglas.

Las vocales A e I, las dos primeras de la palabra «afirmo» en latín (*AffIrmo*) corresponden a la universal afirmativa (todos los x tienen la propiedad P) y la existencial afirmativa (algún x tiene la propiedad P), en las que se *afirma* que todos o alguno de los x tienen determinada propiedad.

Similarmente, las vocales E y O son las dos primeras de la palabra «niego» en latín ($nEgO$) y corresponden a la universal negativa (ningún x tiene la propiedad P) y a la existencial negativa (algún x no tiene la propiedad P): se *niega* que todos o algunos de los x tengan determinada propiedad.

El problema de la lexicalización de O

En la sección titulada «The Story of O: Quantity and Negative Incorporation» [7, p. 252], el Dr. Horn hace observar un hecho muy llamativo, con el que ya nos hemos encontrado, aunque probablemente sin advertir del todo su importancia.

Precisemos primero a qué remite la ironía del título: la *Historia de O*[35] se refiere a algo que sucede con la existencial negativa, con la posición tradicionalmente etiquetada con la letra O. ¿De qué se trata? De que el lenguaje, habitualmente, *falla*, no tiene una palabra específica para ese lugar, mientras que sí que las tiene para los demás. No se ha

---

[35] *Historia de O* es también el título de una novela erótica de la escritora francesa Pauline RÉAGE publicada en 1954 [19].

realizado, no ha aparecido, en el léxico, el correspondiente concepto: decimos que no se ha *lexicali-
zado*.

Ya nos hemos encontrado con ello: si nos referimos a los cuantificadores, la posición A corresponde
a «Todo», la posición E corresponde a «Nada», la
posición I corresponde a «Algo»... y la posición O
corresponde a «algo no», necesitamos *dos* palabras,
no hay una sola palabra para describir ese lugar del
cuadrado.

Lo mismo sucede con los operadores deónticos:
A es «Obligatorio», E es «Prohibido», I es «Permitido», y O es «Omisible»; pero «Omisible» es un
cultismo, casi un *forzamiento*, no es una palabra
que pertenezca al léxico habitual.

Algo similar sucede también cuando examina-
mos los operadores temporales: «Siempre», «nunca», «a veces» (la lengua inglesa lo puede expresar
con una sola palabra, *sometimes*), «a veces no».
O al cuantificar personas: «Todos», «Nadie», «Alguien», y «Alguien no».

El fenómeno no es exclusivo de la lengua castellana, y se aplica también a ámbitos más amplios
que los que estamos estudiando aquí. Por ejemplo,
a los cuantificadores binarios[36] «Ambos», «Uno»

---

[36]Para este ejemplo y el siguiente, *cfr.* Laurence R.
HORN, *Pragmatic Strengthening: Contrariety and Disjunctive Syllogism* [8].

(de ellos), «Ninguno» (de ellos), y... en este caso,
ya ni siquiera encontramos la manera de decirlo. O
a las conectivas binarias: «Y» (Pedro y Juan), «O»
(Pedro o Juan), «Ni... ni...» (ni Pedro ni Juan) y
«Pedro y Juan a la vez no»,[37] para lo que nos falta,
literalmente, la palabra.

¿Qué nos indica, este fenómeno? Que, por alguna razón, el lugar de O *presenta una dificultad
intrínseca para su simbolización*, como queda indicado por el problema asociado a la falta de léxico
para describirlo, al problema de su *realización léxica*, de su *lexicalización*. Es difícil, es complicado,
ir hasta O, porque, como ya hemos hecho notar, en
muchas ocasiones, nos faltan las palabras. El lenguaje mismo nos disuade de ir a O. Cuesta pensar
en el lugar de O. Las existenciales negativas son de
difícil simbolización, hay que hacer un esfuerzo especial, probablemente necesitemos papel y lápiz[38]
para apropiarnos, aunque sea momentáneamente,
de ese lugar; algo parecido sucede con el operador
deóntico correspondiente, con lo que hemos denominado *omisible*; y así sucesivamente.

---

[37]Lo que no es lo mismo que «Pedro o Juan», que *no*
excluye que se consideren ambos, ni que «ni Pedro ni Juan»,
que no permite que uno de los dos se considere, cosa que sí
permite nuestro caso. ¿Poco claro? Este es, justamente, el
problema.

[38]*Cfr.* tb. al respecto la sección titulada «Pensar con papel y lápiz», en la p. 164.

Son razones poderosas, que se añaden a las que ya hemos mencionado anteriormente (pp. 73, 75), para contribuir a explicar *por qué* se ha producido el error que investigamos.

Una razón más para la no lexicalización de O

En una conversación informal, si decimos que *algo está* prohibido, se sobreentiende también que *algo no lo está.*

Si lo que realmente sucede es que *todo* está prohibido y lo que hemos dicho es que *algo* lo está, nuestro interlocutor nos puede acusar, con toda la razón, de no darle toda la información, de estar «haciendo trampa», de estar induciéndolo voluntariamente a equivocarse.

Por la misma razón, si decimos que *algo no está prohibido*, damos a entender también que *algo lo está.*

Pero entonces, tanto «algo está prohibido» como «algo no está prohibido» se interpretan de la misma manera, como si fuesen equivalentes: se toman ambos como si lo que quisiesen decir fuese «algo está prohibido y algo no está prohibido». *Si las dos quieren decir lo mismo, no necesitamos dos términos léxicos para distinguirlas.*

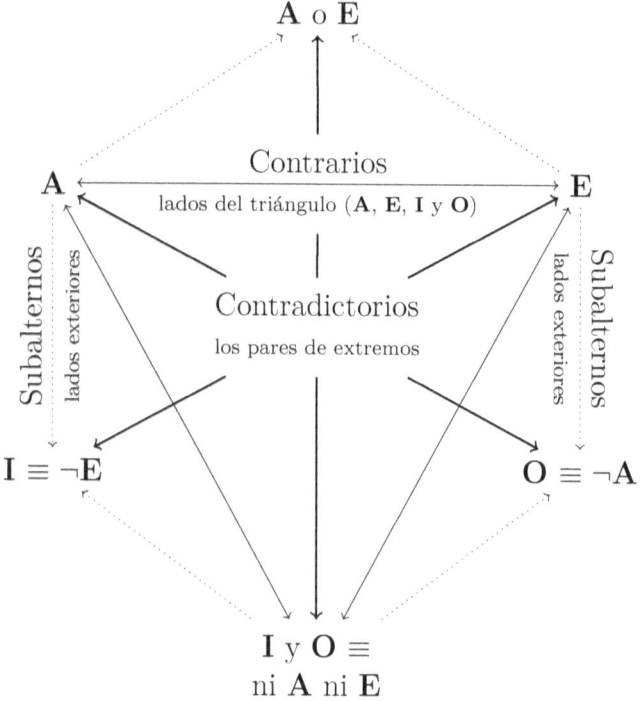

Figura 9: Estrella de Blanché (Simplificada)

La estrella de Blanché[39] (fig. 9, p. 106) muestra, usando el etiquetado tradicional que acabamos de introducir, algunas de las relaciones entre A, E, I,

---

[39]Extraída de *Structures intellectuelles*, de Robert BLAN-CHÉ [2], y simplificada para nuestros propósitos. Citado en HORN, *Pragmatic Strengthening*, *op. cit.* [8].

O, la conjunción de I y O, y el contradictorio de
esa conjunción, que es la disjunción de A y E.

Se observará que A, E y la conjunción de I y O
constituyen un conjunto de frases contrarias dos a
dos y que, además, entre las tres cubren todas las
posibilidades existentes: o bien es verdadera A, o
bien lo es E, o bien lo es la conjunción de I y O,
precisamente porque esa conjunción es la negación
simultánea de A y E, posibilidad que debe existir
por su condición de contrarios.

La deriva de O a E y el movimiento de la partícula negativa

Da la impresión, entonces, de que cuesta pensar
en el lugar de O, es algo que se nos hace muy difícil.
En cierto modo, nuestro pensamiento huye de ese
lugar, para el que no disponemos, en muchos casos,
ni siquiera de las palabras apropiadas. En lugar de
O, entonces, aparece E, se produce una *deriva de
O a E*.[40]

Un ejemplo muy claro.[41] Consideremos la frase
«No debes ir». La significación habitual de la frase
es □¬, «debes (no ir)», que está en la posición E,

---

[40] *The O > E drift*, para utilizar la expresión de HORN.

[41] Que extraemos de Laurence HORN, *The Singular Square: Contrariety and Double Negation from Aristotle to Homer* [9].

mientras que «no (debes ir)», ¬□, que está en la posición O y sería equivalente a «puedes no ir», ◊¬, ni se nos pasa por la cabeza. El uso del lenguaje hace que una frase, «No debes ir», que aparentemente sería un caso de O, la negación de «Debes ir», que es A, en realidad se interprete como E. Es un ejemplo más de lo difícil que nos resulta negar cuando el resultado de la negación tiene la forma O: «No debes ir», interpretado como E, *no* es la negación de «Debes ir», sino, una vez más, su *contrario*. La significación ha derivado de O a E. Decimos «*No* debes ir» cuando lo que queremos decir es «Debes *no* ir»: la partícula negativa ha cambiado de sitio.

A este fenómeno, Horn lo denomina *Neg-raising*, *elevación de la negación*: la negación «sube», en este caso, hasta el principio de la frase.

Aplicado a nuestro caso: en vez de «algo no» pasamos a «no [hay] algo» (es decir, a «nada»); de «algo no está prohibido», pasamos a «no hay algo que esté prohibido», «nada está prohibido». *Neg-raising*, deriva de O a E. Una explicación más.

El fortalecimiento de los subcontrarios en contrarios

El Dr. Horn enuncia en muchas de sus publicaciones un «principio-guía» (*a guiding principle*) que etiqueta con la denominación MaxContrary: *La contrariedad tiende a ser maximizada en el lenguaje natural; la subcontrariedad tiende a ser minimizada en el lenguaje natural.*[42] En otros lugares se refiere al *fortalecimiento* (*strenghtening*) de los contradictorios en contrarios.

¿Qué quiere decir esto? Que, en muchas ocasiones, cuando lo que correspondería es utilizar un contradictorio, una negación, *el lenguaje mismo* tiende a substituirlo por una versión *más fuerte*,[43] por un contrario. En vez de «Algo no está prohibido», pasamos a «Todo (no está prohibido)», es decir, a «Nada está prohibido»; y «Todo» es *más fuerte* que «Algo».

Razones para un error

Habíamos identificado la *naturaleza* del error más común (p. 94), y acabamos de confeccionar un repertorio de sus *causas*; sólo nos restará, para completar nuestro estudio, examinar las *consecuencias* de ese error. Después podremos pasar a examinar las demás respuestas y comentarios.

---

[42] «Contrariety tends to be maximized in natural language. Subcontrariety tends to be minimized in natural language». Esta formulación concreta está extraída de *Pragmatic Strengthening: Contrariety and Disjunctive Syllogism* [8].

[43] Para el fortalecimiento, *cfr.* la sección titulada «Fuerza retórica de los contrarios» en la p. 73, así como la titulada «Necesario y suficiente» en la p. 75.

Listamos, pues, a modo de resumen, las diferentes causas del error, añadiendo entre paréntesis la referencia a la sección correspondiente, para facilitar la consulta.

1) La *fuerza retórica* de los contrarios: los contrarios sirven para *ganar* una argumentación (p. 73).

2) Los contrarios son *suficientes* para ganar una argumentación (pero no son *necesarios*, son demasiado fuertes: p. 75).

3) La posición O del cuadrado de las oposiciones conlleva una dificultad intrínseca para su simbolización, hasta el punto de que en muchas ocasiones esa posición ni siquiera posee una *realización léxica* (p. 102).

4) En el lenguaje natural es frecuente la *deriva* desde la posición O a la posición E (p. 107).

5) La partícula negativa tiende a *desplazarse* a un lugar anterior de la frase, produciendo significaciones que no son las esperadas (p. 107).

6) El lenguaje natural tiende a fortalecer los contradictorios en contrarios, substituyendo unos por otros (p 108).

Una consecuencia: la falacia del tercero excluido

Examinemos ahora algunas de las *consecuencias* del error que estamos estudiando. En términos generales, lo que nos sucede es lo siguiente: partimos de una frase determinada F y, en vez de oponerle su contradicción $\neg F$, le oponemos un contrario G.

Cuando estamos operando con un par contradictorio, F y $\neg F$, estamos en una lógica de tipo «o bien... o bien...»: *o bien* F es verdadero, *o bien* $\neg F$ es verdadero. Si F es verdadero, su negación $\neg F$ es automáticamente falsa; recíprocamente, si la negación $\neg F$ es verdadera, F es falsa. Una de las dos, F o $\neg F$, tiene que ser verdadera y la otra falsa, y *no existe ninguna otra posibilidad.*

A este hecho, al hecho de que *no haya otra posibilidad,* se la conoce como el *principio del tercero excluido.* Tiene que ser verdadera la primera posibilidad (F), o la segunda ($\neg F$), y no hay una tercera opción. *Tertium non datur,* decían en latín: la tercera opción no se da. Cuando estamos operando con un par contradictorio, *tertium non datur.*

Negación	F	$\neg F$
Contradictorios	F y $\neg G$	$\neg F$ y G

Figura 10: En la contradicción: *Tertium non datur*

Comparemos ahora esa situación con la que acontece cuando lo que estamos oponiendo son *dos contrarios F y G.* En un aspecto, la situación es la

misma que cuando consideramos el par contradictorio: si F es verdadera, G tiene que ser falsa; y si
G es verdadera, F tiene que ser falsa.

Contradictorios	F y $\neg G$	$\neg F$ y G	
Contrarios	F y $\neg G$	$\neg F$ y G	$\neg F$ y $\neg G$

Figura 11: Diferencia entre contradictorios y contrarios

Sin embargo, y aquí está la diferencia, en este
caso *sí que existe una tercera opción*: que tanto F
como G sean falsos, cosa que no puede suceder en
el caso de los contradictorios, porque la falsedad de
uno cualquiera de los dos entraña automáticamente
que el otro miembro del par es verdadero.

Cuando F y G son contradictorios, o F es verdadero o G es verdadero, y no hay una tercera opción. Cuando F y G son contrarios, o F es verdadero, o G es verdadero, o (tercera opción) tanto F
como G son falsos.

En nuestro ejemplo, «Todo está prohibido» y
«Nada está prohibido» son contrarios: la verdad
de uno implica la falsedad del otro. Pero no podemos aplicar el principio del tercero excluido: puede
ser que ni todo ni nada esté prohibido, como en el
mundo real, donde hay cosas prohibidas y cosas que

no lo están. En ese caso, tanto la frase de partida como su contraria son falsas.

En términos generales, la exclusión del tercero excluido es una *falacia*: un argumento que parece válido pero no lo es. Se la conoce como *falacia del falso dilema*, o *falacia del tercero excluido*, entre otras denominaciones.[44]

---

[44]El análisis iniciado aquí continua en el capítulo titulado «Sobre el sentido crítico» (p. 169).

SIETE IMPERTINENCIAS

EL TODO Y LO PROHIBIDO

En los capítulos que acaban de terminar hemos examinado con exhaustividad una cuestión que nos intrigaba: por qué tantas de las respuestas «pertinentes» eran erróneas, por qué también tantas se equivocaban, todas de la misma manera, y por qué aún tantas otras especificaban varias opciones no equivalentes entre sí.

Hemos averiguado, pues, *cómo* se han equivocado los encuestados, y *por qué* lo han hecho así. Ahora nos corresponde ocuparnos, como habíamos prometido, de las demás respuestas y comentarios, de aquellos que demuestran que «no se ha entendido el problema», de los «inadecuados», de los «no pertinentes»; veremos que la cuestión de su no pertinencia es, ella misma, extremadamente cuestionable.

Ese examen nos llevará también un tiempo; deberemos seguir procediendo despacito, delicadamente.

Comencemos. Examinaremos primero la noción misma de *pertinencia*, relacionándola con su contraria, la de *impertinencia*.

Pertinencia e impertinencia

Dos personas se cuestionan a qué nos referimos cuando decimos «todo»; otras dos llevan la crítica más allá, argumentando que si realmente *todo* estuviera prohibido, entonces también lo estaría hacer la encuesta, el mismo hecho de prohibir, etcétera. Cuatro personas incluyen explícitamente entre sus contestaciones y comentarios la frase «Prohibido prohibir».

¿Qué pensar de estas respuestas, estos comentarios? Desde una perspectiva clásica, se los consideraría *impertinentes*. «Impertinente» es una palabra muy interesante, porque quiere decir dos cosas distintas: por una parte, indica que la respuesta no *procede, no cuadra* (pero ¿con qué?) y, por otra, que es una *impertinencia*, en su sentido personal: *que molesta de palabra o de obra* (RAE). La lengua misma nos lo dice, en su ambigüedad maravillosa: *lo que no cuadra, molesta.*

Ahora bien, ¿qué pone de relieve, qué hace patente, esa impertinencia, esa *molestia*? Una regla del juego, una convención: *cuando te pidan que resuelvas un problema, concéntrate en hacerlo, no te pongas a pensar en nada más.* En nuestro caso, *se trata* de encontrar frases que sean la negación de «Todo está prohibido», y *no se trata* de que uno se ponga a reflexionar sobre la significación del todo, o sobre qué sucedería, realmente, si todo estuviese prohibido; o sobre si sería posible o no, o hasta autocontradictorio, que todo estuviese prohibido, etcétera. Es un mandato que podríamos expresar así:

No pienses, ni por un instante, en la significación *de la frase-problema, limítate a* resolver *el* puzzle. *Ni se te ocurra intentar aplicar las frases que vas a manejar a tu propia vida, a la realidad, y todavía menos a la formulación misma de la pregunta; eso no es asunto tuyo. Resuelve el problema, y no pienses, digas o hagas nada que no venga al caso. No «molestes ni de palabra ni de obra».*

Que esa es la regla del juego es evidente: si uno respondiese así en un examen, no sólo no lo aprobaría, sino que con seguridad sería maltratado: «esta respuesta es impertinente», «no viene al caso», «no corresponde»; no se ha «entendido la pregunta», etcétera.

Pero los que responden así *algo han entendido*; si no hubiesen entendido absolutamente nada lo hubiesen dicho, o hubiesen dejado la encuesta en blanco. ¿Por qué decimos que no han entendido la pregunta? Porque no han entendido *lo que nosotros queríamos que entendiesen.* Y por otra razón más: *porque no han entendido la orden de limitarse a solucionar el problema*, es decir, de persistir en el entrenamiento que suele denominarse «educación», y de hacerlo sin cuestionarse demasiadas cosas.

Esa orden, por lo demás, se impone siempre con violencia, una violencia a la que estamos tan acostumbrados que ya ni la percibimos. Al que no entiende la pregunta se le discrimina, se le suspende, se le acalla, se insinúa que es un poco tonto, se le hace objeto de befa, y se le suspende.

«¡Mal!», «Pareces tonto», «No te enteras», «Suspendido», «No sirves», «No vales», «Dedícate a otra cosa», «Eso no tiene nada que ver», «Serás un muerto de hambre». ¿Quién dice eso? *Todos.* No hace falta que lo diga el profesor, aunque alguna de esas cosas, las dice. Lo dicen también los padres, los compañeros, hasta los amigos. «Yo he venido aquí a aprender a usar los cuantificadores, no a hacer filosofía».[45]

Y nos parece de lo más normal. Se ve que las

---

[45]Quiero despejar en este mismo momento una posible objeción: la violencia se ejercería desde «las ciencias» hacia «las letras». Esto es absolutamente falso, basta haber estudiado algo «de letras» para darse cuenta. Además, lo que estamos planteando va mucho más allá de la simple oposición entre «las ciencias» y «las letras», en sí misma mal definida y bastante criticable, que no cumple en este escrito otro papel que el de un artificio retórico que nos resulta útil para introducirnos en el verdadero problema.

cosas son así. Hemos aprendido a amar la cárcel en la que vivimos, a amar la tortura que se nos inflige. Hasta tal punto la amamos, hasta tal punto nos parece natural, que nos convertimos nosotros mismos también, sin advertirlo siquiera, en torturadores, en defensores de lo que está «bien», de lo «correcto», de lo que «tiene sentido», y en verdugos de lo que no nos entra en la cabeza.

Ahora bien, ¿a qué apunta, en qué incide, eso tan «molesto», eso tan «impertinente», que merece ese desprecio, esa segregación y ese maltrato? A una serie de problemas de gran importancia, pero «filosóficos», que «nos distraerían» de «nuestro objetivo» (que sería «conseguir personas bien formadas», se supone).

Pero, un momento: varias de esas respuestas lo que hacen también es *cuestionar el marco mismo* de lo que se suele denominar «enseñanza» («¿Por qué tengo que operar con entidades, como este "todo", que no se sabe bien qué quieren decir?»; «¿cómo está hecho, exactamente, esto?»), dirigirle preguntas *éticas* o *políticas* («¿Te aplicas a ti mismo lo que predicas?», «¿no me estarás hablando del mundo real?»); en última instancia, *desestabilizar* el sistema desde su interior mismo.

El sistema, que aspira a la estabilidad, termina con estas desestabilizaciones expulsándolas, declarándolas *impertinentes*, aplicándoles sanciones («¡suspendido!»), segregando a sus portadores, ejerciendo una violencia aceptada por todos como si fuese natural: lo impertinente queda así constituido como lo exterior, lo que queda fuera, lo *imposible* (piénsese en la denominación anterior, que nosotros mismos hemos usado: *respuestas posibles* [p. 36]), lo *inaudible*, lo que no debe ser escuchado, porque sólo es merecedor de irrisión («¡Pobre! ¡No ha entendido la pregunta!»)...

Claro, también se entiende: hay que cumplir con el programa de estudios. Cualquiera que haya ocupado una posición docente sabe lo que es eso: si uno se distrae con las impertinencias, no da tiempo a explicar lo que hay que explicar, lo que sí que se considera pertinente. Hay que terminar el programa; también se entiende. El problema es que eso se hace pagando un precio demasiado alto.

Primero, se clasifican de antemano las cosas: algunas son pertinentes, y otras no; lo que pasa con las primeras es que son *pertinentes*, cuadran, corresponden... *al programa mismo*, no al posible proceso de aprendizaje de cada alumno, que sería, con seguridad, en cada caso distinto, y por lo tanto, impredecible. Una enseñanza que respetase el proceso de aprendizaje del alumno debería respetar también, para cada uno, su propio régimen de pertinencias. Si el régimen es el mismo para todos, desaparece la singularidad del aprendizaje del alumno y, en última instancia, el alumno mismo en su singularidad. Lo que ahí «aprende» es eso de lo que se conoce de entrada la pertinencia, es decir, un simulacro. Si uno se asemeja al simulacro, quizás aprende algo. Y si se asemeja poco, pues mala pata, es que no se entera, mejor que se dedique a otra cosa, eso no es lo suyo.

Segundo, y como consecuencia, se instala una manera de pensar que es más bien una manera de no pensar, un hábito del no-pensamiento; ya se sabe, de entrada, qué es pertinente y qué no lo es; no se deja que lo impertinente se desarrolle y se exprese, a ver qué quiere decir; se enseña a no cuestionar, a no salirse del tiesto, a no divagar; en última instancia, a ser obediente y *no pensar*.

Sin embargo, algo más se enseña también, claro que sí: se enseña y se aprende, pero en el estilo de un *entrenamiento*. ¿Hay que manejarse bien con los cuantificadores? ¡Mira, lo he aprendido, voy rapidísimo! Pero, eso sí, no soy impertinente, no hago preguntas raras ni doy respuestas raras. Soy un buen chico, estoy bien entrenado. Me he dejado, pertinentísimamente, *amaestrar*.

Al que enuncia cosas raras, se lo violenta: es que todavía no está bien entrenado. Y con lo enunciado, ¿qué se hace? Las cosas raras suelen ir directas a la basura. Se tira el niño con el agua sucia; no hay que dar mal ejemplo. Pero quizás lo enunciado tenga su interés en sí mismo: que obstaculice los planes docentes, que sea un estorbo para cumplir con el programa, no quiere decir que sea falso, ni carente de interés ni irrelevante. Quizá debería ser examinado con más detenimiento.

Hagamos eso: atrevámonos a hurgar en la basura, recuperemos todas esas cosas raras, y examinémoslas con cuidado, a ver de qué se trata, realmente. Eso nos permitirá formarnos un juicio sobre ellas, y quizás también, retroactivamente, sobre aquéllos que las enunciaron.

Podemos adelantarlo ya: nos llevaremos más de una sorpresa.

Indefinibilidad del todo

> —... de modo que $x = x$, esto es autoevidente.
> —¿Tú estás tonto? ¿Cómo van a ser iguales? Una es la x de la izquierda, y la otra la de la derecha.

Primera impertinencia. Dos personas señalan en los comentarios que la palabra «todo» en la formulación de la frase-problema no puede referirse, en realidad, a todo lo que existe, sino que por fuerza hay que entender que esa significación está limitada a un ámbito determinado.

Solemos admitir sin pestañear, en efecto, todo tipo de discursos en los que aparece la palabra «todo», pero ¿a qué nos estamos refiriendo, exactamente, cuando decimos «todo»? En lógica, siempre a *un conjunto*[46] *determinado de cosas*: el denominado *dominio de discurso* o *universo de discurso*.

Siempre se da por sentado eso, en lógica (y también en cualquier ciencia): nuestro *discurso* no se refiere, en realidad, a ningún todo. Siempre hay algo excluido, algo que queda fuera: *todo lo demás* (un demás que, para esa disciplina concreta, o en ese problema concreto, está *de más*).

Estamos hablando de los números naturales; o de los hombres; o de las bacterias; o hasta de «todos los conjuntos», pero nunca del todo «de verdad». Todas las ciencias hacen eso: empiezan por delimitar su campo de estudio. Estudian los números, pero no las tortillas de patatas; o los animales, pero no los pensamientos; o las reacciones químicas, pero no los sueños que dicen ser premonitorios; etcétera.

¿Por qué? Porque ese todo «de verdad», ese todo irrestricto, sin limitaciones, ese todo en el que estaría absolutamente todo, tiene un estatuto sumamente dudoso. No sabríamos, por ejemplo, decir

---

[46][*Nota muy técnica*]. O a una clase propia, pero esto no tiene importancia ahora.

nada, de ese todo. De sus componentes (si es que los tiene) no podríamos ni siquiera decir que son (o existen), puesto que en el todo deben estar también los seres de ficción, que no existen (y si excluimos eso ya no estamos hablando del todo irrestricto).

Tampoco podríamos afirmar, realmente, del todo sin limitaciones, que sus elementos son idénticos a sí mismos, pues el significante lacaniano o la *différance* derridiana no son idénticas a sí mismas; y así sucesivamente. El todo absoluto es literalmente impensable.

La primera *impertinencia* apunta pues, en realidad, a algo esencial, a *una convención reductiva universal de la ciencia*: nunca hablaremos del todo, es un lío tremendo, es demasiado «filosófico»; hablaremos siempre solamente de los elementos de un determinado universo de discurso, y así nos ahorraremos todas esas preguntas y paradojas que, en caso contrario, obstaculizarían nuestro trabajo hasta hacerlo imposible.

Esta primera *impertinencia*, resulta ser, pues, más que pertinente. El todo nunca es el todo «de verdad» (suponiendo que exista algo así), siempre está recortado, limitado: es un universo de discurso, nada más.

El entrecomillado y el poder

> —*«Citar» es hacer mención, pero citar tiene cinco letras.*
> — *¡Ya estás haciendo tonterías con las comillas! «"Citar"»...*
> — *¡Un momento! ¿A qué te refieres? ¿A hacer mención, o a la palabra?*
> — *A ninguna de las dos cosas. Estaba haciendo mención de tu cita.*

Segunda impertinencia: Si todo está prohibido, entonces también lo tiene que estar hacer encuestas, realizar preguntas, contestarlas, etcétera.

Esta impertinencia, de entrada, nos puede parecer ingenua y hasta nos puede dar un poco de risa. El supuesto «error» consiste en haber tomado la frase como *verdadera* y como *aplicable al mundo real*. Examinaremos cada uno de esos aspectos como una impertinencia distinta.

Como verdadera, pues supone desconocer la diferencia entre uso y mención. Yo puedo examinar la frase «Mataré a Eleuterio» y ver cuál es su sujeto, su predicado, etcétera; pero si lo que digo, sin comillas, es que mataré a Eleuterio, nos metemos en otra serie de cuestiones: quizá se trate de un acto de colaboración, ilegal en nuestro país pero humanísima, en una muerte digna; quizás estoy implicado en un programa radical de eugenesia, y estoy convencido de que matando a Eleuterio mejoraré la raza humana; quizás soy un asesino en ciernes, que está haciendo públicas sus intenciones y debería ser detenido preventivamente por la policía, etcétera.

Pero, cuidado, que la diferencia entre uso y mención no está tan clara. En determinados periodos históricos en los que hablar mal del rey estaba prohibido, decir «Si alguien dice que el rey es un imbécil, lo atravesaré yo mismo con mi propia espada» nos podía llevar a la horca. Lo que se dice está dicho, por muchas comillas que se le pongan. O aunque se diga de otra manera, como en el famoso calembur atribuido a Quevedo: «Entre el clavel y la rosa, su majestad escoja».

La idea de que uno no debe fijarse en el contenido de la frase, sino analizarla, emana siempre del lugar de poder. Funciona en una sola dirección, del dominador al dominado; en la dirección inversa, no siempre se tolera. «Denme un ejemplo de frase y distingan el sujeto y el predicado», dice la profesora. «¡Tengo una, profe!», contesta un alumno, entusiasmado: «"La profesora es imbécil"; el sujeto es "La profesora", y...». La cosa termina mal, ¿verdad?; no hace falta que sigamos. De nada sirve la mención, ni las comillas: el alumno recibirá su castigo, por *graciosillo*. Las comillas, resulta diáfano en el ejemplo, son privilegio del poder, que ostenta el monopolio de su utilización prudente y sabia.

Las comillas son una pantalla de una sola dirección; el poder las puede usar a discreción, pero los dominados se cuidarán mucho de juguetear con ellas de cualquier modo: el poder siempre escucha, escruta dentro de las comillas, lo oye y lo juzga todo. Para operar en el mundo, para estar bien entrenado, para ser un buen chico, hay que tragarse muchos sapos: entrecomillemos; lo que está entre comillas no nos afecta, no nos corresponde, no es asunto nuestro. Las comillas ponen en sordina, alejan, relativizan; desvían la mirada. Son las anteojeras que el poder nos pone para que podamos operar con lo insoportable. Lo que está entre comillas es falso, es de pega, no es en serio, es una especie de juego, cuando no directamente algo ridículo. ¿Ha habido torturas? ¡Inadmisible, en una democracia, en un estado de derecho! ¡Ah, has dicho «torturas»! Claro, eso dicen todos, vete tú a saber, se lo inventan, seguro; ¿a qué llamarán ellos «tortura»?

Hay que entrenarse en el uso de las comillas; cuando se aprende, también se aprende eso. Pero eso que se aprende se aprende silenciosamente, sin hablar de ello: nadie nos explica cómo se usan verdaderamente, se nos da una teoría ridícula sobre el uso y la mención, que en realidad no se aplica nunca del todo, y aprendemos en la práctica cuál es su real uso, sin poder hacer nada, casi sin darnos cuenta. Nos convertimos también, nosotros mismos, en guardianes del uso ortodoxo de las comillas.

La observación es una impertinencia.

¿«Impertinencia»? ¿Por qué?

Cuidado con las comillas: están por todas partes.

El mundo real no se toca

Tercera impertinencia: si todo está prohibido, también lo tiene que estar hacer preguntas, responder encuestas, etcétera. El *impertinente* del encuestado ha tomado la frase *como si remitiese al mundo real*.

Este es otro de los supuestos básicos de la enseñanza: nada tiene que ver con el mundo real, hasta nueva orden. Y, si algo tiene que ver con el mundo real, entonces será bajo condiciones estrictamente controladas. A veces, las cosas tendrán que ver con el mundo real, y a veces no. En el famoso ejemplo sobre el criterio de verdad de Tarski, «La nieve es blanca» es verdadero si y sólo si la nieve es blanca. ¿Dónde? En el mundo real, claro. ¿A qué remite, «Todo está prohibido»? Ah, no; al mundo real no, desde luego.

¿Por qué?

Hay un código implícito que dictamina cuándo se está hablando del mundo real y cuándo no. Eso también se aprende en silencio, sin recibir sobre ello una enseñanza explícita. Traspasar la barrera, violar ese código, está sancionado: se están diciendo tonterías, no se ha entendido nada, etcétera. Se está siendo *impertinente*.

Para hablar en serio de las cosas, hay que aprender a no tomarse en serio esas mismas cosas. Para ser serios, no hay que dejarse afectar. Lo serio es manejar las frases como si no nos afectasen. Y no sólo las frases: la vida ya nos enseñará a tomar decisiones difíciles; mejor para nosotros que no nos afectemos demasiado. Si tomamos esas decisiones, progresaremos; si no las tomamos, otros las tomarán por nosotros. Ser serio, no dejarse afectar, tiene premio. Dejarse afectar es de tontos y, además, de perdedores, de débiles.

¿Hemos ido demasiado lejos? Con toda seguridad. Pero ¿dónde está el límite, dónde el punto en el que deberíamos habernos detenido?

A fin de cuentas, lo que esta *impertinencia* denuncia es una fisura ética que atraviesa la práctica totalidad del mundo actual. ¿Jefe de personal? Hay que pensar en la empresa, no somos una ONG, claro que es una lástima despedir a ese hombre, que acaba de tener un hijo; pero si empiezas a ser demasiado compasivo, no dormirás bien, tu trabajo se resentirá, y terminarás por ser despedido tú mismo. No pienses en él como un ser humano, la vida es una lucha, tú también luchas, piensa en los objetivos de la empresa, tu *bonus* depende de eso: sé serio, hombre; te sentirás mejor.

Empezamos a aprender a desconectarnos del significado de las cosas que manejamos desde muy, muy pequeños. Después suelen venir desconexiones aún mayores. El que todavía conecta las cosas no es un impertinente, es alguien a quien no le parece incorrecto establecer esas conexiones, alguien que *no es serio*, que puede ver las cosas desde fuera. Alguien que da que pensar, aunque sea en algo francamente desagradable.

Primer y segundo orden

Cuarta impertinencia. Si realmente todo está prohibido, entonces tanto hacer una cosa como no hacerla están prohibidos. Entonces...

Detengámonos aquí; retomaremos el argumento después. Si simbolizamos, como lo hemos hecho, «Todo está prohibido» como

$$\forall x \Box \neg x,$$

el ámbito de variación de x es nuestro dominio de discurso. ¿Qué es, exactamente, ese dominio de discurso? Frases como «Ir a las nueve a casa de Ramón». Puedo haberme obligado (por ejemplo, porque se lo he prometido) a ir a las nueve a casa

de Ramón; o puede ser que para mí esté permitido hacerlo (porque es mi amigo); o lo puedo tener
prohibido (era mi pareja y tengo una orden de ale-
jamiento); etcétera. En mi universo de discurso, o
voy a casa de Ramón a las nueve, o no voy. Ese
valor concreto de x es verdadero o falso, no puede
tener los dos valores a la vez, no puedo ir y a la vez
no ir.

Por tanto, desde este punto de vista, es incorrecto suponer que tanto hacer una cosa como no
hacerla están prohibidos.

También podríamos haber simbolizado la frase
de un modo más complejo y más general, así:

$$\forall P \forall x \Box \neg P(x),$$

que se leería «para todo P, [y] para todo x, [es] obligatorio no [hacer] $P(x)$», es decir, «sea cual sea x, *y
sea cual sea la propiedad P*, $P(x)$ está prohibido».

La segunda forma de simbolización es *más fuerte* que la primera, y en ese caso, el argumento que
hemos interrumpido al principio del apartado sí que
puede continuarse: supongamos que la propiedad
$P(x)$ vale siempre $\neg x$, es decir, $P(x)$ es la negación
de x; entonces la fórmula anterior equivale a

$$\forall x \Box \neg (\neg x),$$

es decir, «Todo está prohibido no hacerlo» o, lo que
es lo mismo, «Todo es obligatorio». Retomaremos
este análisis en la próxima sección.

En la primera forma de simbolización, sólo podemos cuantificar sobre las variables. Decimos que estamos usando *lógica de primer orden*.[47] En la segunda forma, cuantificamos sobre las variables *y también sobre las propiedades*. Decimos que estamos usando *lógica de segundo orden*.

Si la lógica de segundo orden es más general que la de primer orden, ¿por qué no la hemos usado desde el principio? Porque las lógicas de segundo orden carecen de algunas propiedades muy deseables que las de primer orden sí que tienen.

Un ejemplo: hemos demostrado que la negación de «Todo está prohibido» es «Algo está permitido» de dos maneras esencialmente distintas. Volvamos ahora sobre ellas para ilustrar lo que queremos decir.

La primera demostración (p. 43) es *semántica*: *razonamos* sobre la negación de «Todo está prohibido», y vemos que implica que algo está permitido; igualmente, razonamos sobre la negación de «Algo está permitido» y vemos que implica que todo está prohibido; con eso nos aseguramos que cada una de las frases es la negación de la otra.

La segunda demostración (p. 62) es *sintáctica*:

---

[47]La cuestión es más compleja, porque estamos usando también operadores modales; pero el planteamiento que hacemos es suficiente para el nivel introductorio que le queremos dar a nuestra exposición.

partimos de la especificación de lo que queremos calcular, $\neg\forall x\square\neg x$, y vamos *transformando* esa expresión, usando una serie de reglas de equivalencia, hasta conseguir el resultado buscado.

Ahora una pregunta que no nos habíamos hecho. ¿Cómo puede ser que dos modos tan distintos de demostración concuerden, den el mismo resultado? Eso se debe a que la lógica de primer orden es *consistente y completa*: cuando estamos usando ese tipo de lógica, podemos estar seguros de que las demostraciones sintácticas y las semánticas coinciden en sus resultados y, además, podemos estar seguros de algo muy llamativo: si podemos demostrar algo de uno de los dos modos, podemos estar seguros de que existe una demostración hecha del otro modo, aunque no dispongamos de ella. Es un teorema de la lógica muy fuerte y muy bello, además de muy útil.

En cambio, cuando estamos usando lógica de segundo orden, esa característica desaparece: en lógica de segundo orden existen *verdades indemostrables*, verdades para las cuales es imposible encontrar una derivación sintáctica. Por esa razón, se tiende a no utilizar la lógica de segundo orden, y se suele evitar simbolizar las cosas usando ese tipo de lógica.

Y por esa misma razón también, nuestra *impertinencia* no es ninguna impertinencia: desde luego, no es exigible que una persona no versada en lógica formal conozca estas discriminaciones.

El colapso deóntico

Quinta impertinencia.[48] Si realmente todo está prohibido, argumentan tres encuestados, entonces tanto hacer una cosa como no hacerla están prohibidos.[49] Pero como lo que es obligatorio es, precisamente, lo que está prohibido no hacer, entonces, además de estar todo prohibido, es todo obligatorio. Todas las cosas, a la vez, están prohibidas y son obligatorias. Ese es un mundo demente, en el que sería espantoso vivir, porque sería imposible tanto cumplir con las obligaciones como evitar transgredir las prohibiciones.

Podría contraargumentarse que, en la vida real, solemos saltarnos tanto las obligaciones como las prohibiciones, o al menos algunas de ellas. Y se nos

---

[48]Para esta sección y la siguiente, *cfr.* «Deontic Logic», de Paul MCNAMARA [13].

[49]A pesar de lo mencionado en la sección anterior, hay maneras de conseguir, usando lógica de primer orden, que una situación así se produzca, aunque no por la razón aducida. [*El resto de la nota es muy técnico*]. Por ejemplo, si utilizamos las semánticas de los mundos posibles de Saul KRIPKE, en un mundo ciego (que no «ve» a ningún mundo, ni siquiera a sí mismo). Desde luego, esa situación, habitualmente, se excluye de entrada, como veremos enseguida.

replicaría con seguridad que sí, que claro que nos saltamos *algunas cosas*, pero no *todas ellas*: si nos las saltásemos absolutamente todas, el sistema de regulaciones colapsaría. De hecho, el sistema de regulaciones, en un mundo así, es autocontradictorio.

Es por esta razón que la mayoría de los sistemas de lógica deóntica, como la Lógica Deóntica Standard,[50] *proscriben* la posibilidad de que un mundo así pueda existir.[51] Un estudiante de lógica modal nos podría decir: «Bah, ¡qué tontería! *Cualquier persona educada*[52] sabe que eso es imposible, los mundos deónticos no pueden ser así».[53] Y ten-

---

[50]La Standard Deontic Logic (SDL) descrita en «Deontic Logic» [13].

[51][*Nota muy técnica*] En SDL, por ejemplo, la relación de accesibilidad entre los mundos posibles excluye *por su definición misma* la posibilidad de la existencia de mundos ciegos. Pero en un mundo ciego, vacuamente, todo está prohibido y todo es obligatorio.

[52]Felicísima expresión de Jean-Claude MILNER, insuficientemente apreciada, y de la que nunca llegamos a cansarnos. *Cfr.* Josep Maria BLASCO, *Cualquier persona educada; un dichoso azar* (2013) [3].

[53]Es llamativo que estos casos límite suelan describirse (y no sólo en el contexto de la lógica que nos ocupa), además de como «imposibles», y llevados por una especie de contaminación por la terminología psiquiátrica del siglo XIX, como «patológicos», «degenerados» y «aberrantes», entre otros calificativos de la misma índole. Quizás sea porque nos llevarían a mundos *sin referencias morales*. ¡Dios nos libre de tamaña y aberrante *catástrofe*!

dría toda la razón: *precisamente* porque alguien dio *primero* con estas aporías se excluyó *después* su posibilidad. En la base,[54] en los cimientos, en la fundación misma, en los axiomas mismos[55] de la lógica deóntica está la elección deliberada de un sistema que impida una situación como la que estudiamos en este punto.

Las cosas tienen su origen, su historia, sus razones. Las diversas disciplinas se fundan, siempre, en una serie de exclusiones. Mencionarlas, encontrarlas o estudiarlas, no es una *impertinencia*: es interesarse por sus *fundamentos.*[56]

---

[54][*Nota muy técnica.*] La fórmula problema es $\forall x \Box \neg x$, es decir, «todo x está prohibido»; pero x es un *objeto*, técnicamente, un elemento del universo de discurso. Nada nos autoriza a pasar a $\forall x \Box \neg \varphi(x)$, donde φ sería una variable metalingüística que representaría una fórmula cualquiera (o una propiedad cuantificada, como ya hemos discutido). La discriminación entre lenguaje objeto y metalenguaje nos evita estas paradojas, pero no viene de suyo, no es auto-evidente. Por eso las observaciones que apuntan a ella no son impertinencias.

[55]Lo veremos al estudiar la próxima *impertinencia.*

[56]Hasta hay estudios explícitos sobre temas como el que ahora nos ocupa. Por ejemplo, se pueden cursar estudios sobre los *Fundamentos de las Matemáticas.* [*El resto de esta nota es muy técnico*] Pero los matemáticos «normales», lo que los anglosajones denominan *the working mathemathician,* no suelen saber nada de fundamentos. Y los que estudian fundamentos terminan teniendo ideas que a los matemáticos «normales» les parecerían demenciales. Por ejem-

Imposibilidad de la prohibición absoluta

[*Nota: esta sección es más compleja, a nivel técnico, que las demás del capítulo. Puede omitirse en
una primera lectura.*]

La *sexta impertinencia* es una variación de la
anterior. Dos de los encuestados argumentan que
la idea de que todo esté prohibido es, en última
instancia, autocontradictoria. El argumento, des-
plegado, sería el siguiente. Si todo está prohibido,
como hemos visto en la sección precedente, entonces también es todo obligatorio. Sea x una cosa
cualquiera. Entonces tanto ella, x, como su negación, $\neg x$, son obligatorias, es decir, son verdaderas
a la vez $\Box x$ y $\Box \neg x$.

Por tanto, la conjunción de x y $\neg x$ es ella misma
obligatoria.[57] Pero esa conjunción es *falsa* (por el
principio de no contradicción: no puede ser verdadera a la vez una cosa y su negación). De ese modo,
lo falso mismo resulta obligatorio. Pero eso es imposible, de lo que se deduce que no puede ser que
todo esté prohibido, y la pregunta de la encuesta
no tiene sentido (o bien su sentido es trivial: «todo

---

plo, que la cantidad de números reales que hay en la recta
real depende de determinados axiomas.

[57]Seguimos en este ejemplo el *dilema de* SARTRE expues-
to en *Deontic Logic* [13].

está prohibido» es simplemente falso).

Esta es una objeción más técnica, porque supone dos cosas: (1) Que si F es obligatoria y G es también obligatoria, entonces su conjunción, «F y G», también tiene que ser obligatoria; y (2) que lo falso no puede ser obligatorio (más allá de lo bien o mal que nos pueda sonar eso).

La condición (1) es dudosa, porque yo puedo haberme obligado a ir hoy a las siete a casa de Ramón, y haberme obligado también (porque soy un despistado, o por cualquier otra razón) a ir hoy mismo a las siete a casa de Natalia, que no vive con Ramón; pero eso no parece que sea equivalente a decir que me he obligado a ir, hoy a las siete, a la vez, a casa de Ramón y de Natalia, cosa que es imposible. Una cosa es que tenga obligaciones incompatibles entre sí y otra es estar obligado a lo imposible.

Sin embargo, el sistema de lógica deóntica más citado y estudiado,[58] la Lógica Deóntica Standard, supone tanto (1) como (2),[59] lo que le da a la *impertinencia* un gran interés. Se aplican aquí las mismas reflexiones sobre los fundamentos de las ciencias que detallamos en el examen de la *impertinencia* anterior.

---

[58]Según *Deontic Logic* [13].

[59]*[Nota muy técnica.]* Reglas derivadas OB-D y OB-C en SDL.

Prohibido prohibir

Séptima y última impertinencia. Dos encuestados hacen notar, de una manera u otra, que si «todo» estuviese prohibido, entonces también lo estaría el hecho mismo de prohibir. Uno de ellos cita literalmente el lema

Prohibido prohibir.

El lector observará que algo similar sucede con algunas de las respuestas a la encuesta.

Distinguiremos esos dos casos: *a)* «Prohibido prohibir» como respuesta a la pregunta, y *b)* «Prohibido prohibir» como comentario.

Caso (a). ¿Es correcto escribir «Prohibido prohibir» como negación de «Todo está prohibido»? De entrada no, desde luego; pero, viendo que un porcentaje tan grande de encuestados, más del noventa por ciento, contestan con un contrario en vez de con la negación, ¿no podría ser que «Prohibido prohibir» fuese un contrario de «Todo está prohibido»? Sólo lo es en un sentido limitado y artificioso: si la prohibición de prohibir tuviese que cumplirse, entonces debería ser falso, por imposible, que estuviese todo prohibido.

Pero, por otra parte, si estuviese prohibido prohibir, también estaría prohibida la prohibición misma de prohibir, lo cual convierte a la frase «Prohibido prohibir» en causa de su propia imposibilidad, de su propia destrucción. Es una frase que se autodestruye. El que prohibe prohibir querría, él mismo, estar fuera del alcance de esa frase; de no ser así, su frase no tendría sentido, pues se anularía a sí misma. Se restituye así, paródicamente, por la naturaleza misma de la frase, el lugar de poder que se intenta criticar.

Esto nos introduce ya de lleno en el

Caso (b). «Prohibido prohibir» es un lema popularizado por las protestas de mayo del 68. Articulado como oposición a nuestra frase problema, aparece así:

Todo está prohibido / Prohibido prohibir

Es una respuesta, una oposición, en cierto sentido un contrario; pero también un lema, un *slogan* político; un desafío a los que detentan el poder, que quieren quedar fuera de la prohibición que ellos mismos enuncian para los demás; un intento de subvertir el orden establecido, «ahora somos nosotros los que decimos cómo son las cosas, y nuestro primer edicto es este: se terminaron los edictos»; la imagen anticipadora de una sociedad utópica donde no fuese necesario prohibir nada...

¿Por qué sería «impertinente», esta respuesta? ¿Porque es una respuesta *política*? ¿No es *político* también todo el sistema de prohibiciones, exclusiones, segregaciones, etcétera, que atraviesa la forma considerada «normal» de enseñanza? ¿Es o no es político? Que todo el mundo esté de acuerdo no cambia su naturaleza política. ¿O es que habría una política *buena*, aquélla a la que estamos acostumbrados, la que ya no se percibe, y una *mala*, la que desestabiliza esa costumbre?

¿Realmente, tendremos la osadía de creer que la manera en que concebimos la enseñanza es *la mejor posible*, o incluso *la única posible*?

El terror a la asociación libre

Cada una de estas *impertinencias* trae consigo un cierto aroma de *libertad*: «libertad para todo», incluye un encuestado en una de sus respuestas. Podríamos decir que, de algún modo, esas respuestas son *asociaciones libres*, en el sentido psicoanalítico del término; dicho de otro modo, *ocurrencias*. Cosas que se les ocurren a los encuestados, por oposición a las asociaciones que ya no serían libres, estarían ligadas, contestarían «lo que hay que contestar», habrían «entendido el problema», etcétera, que ya no serían simples «ocurrencias».

La ocurrencia, por lo visto, está mal vista. Es poco seria. No corresponde; distrae. «¡Cómo podríamos *progresar*, si cada uno dijese lo primero que se le ocurre!», suele argumentarse.

Contra toda evidencia. ¿Acaso aquí hemos *progresado* poco?

Entiéndase de qué estamos hablando: no de convertir los lugares de enseñanza en una inmensa terapia de grupo, sino de llevar la práctica asociativa a la enseñanza misma. No somos los primeros en proponer algo así. El *brainstorming* hace muchos años que existe. Y los grupos de aprendizaje coordinados psicoanalíticamente, también.

Realmente, a mí me gustaría una enseñanza que no le tuviese miedo a las impertinencias, que no entrase en pánico frente a la asociación libre, que no tuviese el cinismo de presentarse como apolítica cuando es cooperadora necesaria de una tabicación mental enfermiza y enfermante, que estropea el intelecto de los estudiantes y los prepara para ser ellos mismos verdugos de los demás. Unos verdugos que se creen, además, apolíticos ellos mismos. La forma más pura del poder es aquella que ya no se percibe.

Lo que estamos acostumbrados a hacer es una forma de hacer, no la única que existe. Hay otras formas de hacer.

Como aquí. ¿Acaso hemos progresado poco?

LA FÁBULA DE LA COMUNICACIÓN PERFECTA

LA CUESTIÓN DE LA PREGUNTA

Un lector escéptico puede haber seguido todas nuestras argumentaciones y pensar que, de todos modos, el número de respuestas correctas es muy bajo. Quizá la formulación de la encuesta podría haber «estado mejor» (aunque ¿para conseguir qué?). A lo mejor los que se han equivocado no lo hubiesen hecho, de haber contado una explicación más clara (pero, ¿realmente, se han «equivocado»?).

Son preguntas que insisten.[60] Démosles paso, ahora; ocupémonos de ellas.

La ambigüedad del genitivo

La primera: ¿no podríamos haber formulado la pregunta de un modo tal que quedase claro que lo que se pedía era efectuar la negación *de* «Todo está prohibido», en vez de localizar la negación *en* la misma frase?

---

[60]Algunas de estas preguntas se suscitaron a raíz de la difusión de versiones muy tempranas de este mismo informe.

En efecto, como ya hemos visto (p. 36), «¿Cuál es la negación de *F*?» puede referirse a dos cosas, completamente distintas: 1) a una pregunta sobre *F*, que contendría en sí algún tipo de negación, y lo que se pregunta es cuál es, es decir, dónde está, esa negación; en nuestro caso, una respuesta más o menos «correcta» a este tipo de pregunta sería «en la palabra "prohibido", que de alguna manera niega la autorización para realizar eso prohibido; sería equivalente a "eso *no* debes hacerlo"». 2) A una pregunta sobre la *operación de negación* efectuada sobre *F*; ese es el *intended meaning* (*significado previsto*; pero ¿quién hace la *previsión*?).

Tres personas interpretan así la pregunta. No la han «entendido mal», han entendido lo que la mayoría no ha entendido, pero ¿por qué tiene que estar «mal»? Al contrario, señalan y denuncian un problema ineliminable.

Podríamos intentar suprimir la ambigüedad del genitivo escribiendo «¿Cuál es el resultado de aplicar la operación de negación a la frase *F*?», pero reproduciríamos la ambigüedad, sólo que a un nivel más alto (una respuesta podría ser «ahora la frase ya no es verdadera», o «me gusta más», por ejemplo).

Y si escribiésemos «¿qué otra frase, en su sentido lógico, es la negación…?», invitaríamos a respuestas del estilo de «Una frase negada, claro», o

«La única alteridad propia sería la negación introducida».

Es un poco duro de aceptar, pero es así. Sólo si el interlocutor *está de acuerdo previamente*
sobre el significado «previsto» podemos ponernos
de acuerdo sobre esas previsiones. No hay significación inambigua, sino acuerdo; alcanzado libremente
o impuesto —a veces por la fuerza y con violencia
(«¡Mal!», »¡Suspendido!», «¡Pareces tonto!»)—, esa
es otra cosa. La significación inambigua es un sueño de la ciencia, y un sueño también, pero en este
caso húmedo, del poder, en sus variadas formas.

La crítica metodológica

La segunda cuestión nos ocupará durante el resto del capítulo. Tiene la forma de una crítica metodológica, y se enuncia así:

*La dispersión de las respuestas se debe a que la
pregunta estaba mal planteada.*

La forma exacta en que la pregunta estaría «mal
planteada» varía según quién enuncia la crítica. Para algunos, la pregunta es «ambigua» o «polisémi-
ca»; para otros, «no está bien definida»; otros opi-
nan que el sentido de «lógica» (en «en su sentido
lógico») debería haber sido definido con más preci-

sión; lo mismo aducen algunos en cuanto al sentido
mismo de la palabra «negación»; etcétera.

Acumular respuestas correctas

Antes de entrar a discutir el contenido de estas aserciones, me gustaría interrogar primero a la
crítica misma. De su mismo enunciado se deduce
inmediatamente lo siguiente:

*Si la pregunta hubiese estado bien planteada,
hubiese habido menos dispersión de las respuestas.*

Ello supone (puesto que se ofrece ayuda para
conseguirlo, quizás en una ocasión posterior) que se
desearía haber obtenido «menos dispersión en las
respuestas». No está dicho explícitamente, pero se
deduce con facilidad: como las respuestas «disper-
sas» eran, desde luego, «incorrectas», se hubiesen
obtenido también más respuestas «correctas».

Pero el supuesto es erróneo, falla en el punto
mismo de partida. *Lo que nos interesaba era averiguar qué pasa con esa pregunta, no conseguir que
se la contestase «bien».* Era un experimento, no un
examen,[61] ni mucho menos una clase. No se tra-

---

[61]Aunque nos haya sido muy útil considerar la *ficción*
de que se trataba de un examen, ya que nos ha permitido

taba de que los encuestados aprendiesen lógica o mostrasen su conocimiento de ella, sino de saber *qué* contestan a una pregunta como esa, formulada con la mayor generalidad posible y, sobre todo, intentar averiguar *por qué* contestan lo que contestan.

El *telos*, la tendencia de la objeción, conseguir «menos dispersión» o «más respuestas correctas», se sitúa así, por su misma formulación, como un aliado de lo que hemos denominado *lo académico*. Supone demasiadas cosas. Contiene *un lamento, una petición, un intento de negociación*. «¡Qué lástima, que lo hayamos hecho tan mal! Podrías, desde luego, habernos ayudado un poquito. Si la pregunta hubiese incluido esto y aquello, seguro que la hubiésemos contestado mejor. ¿Verdad que la próxima vez lo tendrás en cuenta?».

Es como un resorte, un automatismo. Cuando «no contestamos bien» una pregunta, nos escuece un poco, nos da un poco de rabia. Hiere nuestro narcisismo. Imaginamos entonces, enseguida, una resolución alternativa que creemos mejor: si hubiesen sido las cosas de otra manera, pensamos, hubiésemos podido, sin duda alguna, «contestar bien». Estamos tan acostumbrados a este mecanismo, que nos pasa por encima, nos acontece como algo casi

---

descubrir una larga serie de cosas que, de otro modo, no hubiesen aparecido.

natural, sin intervención alguna de nuestra voluntad.

De este modo interiorizamos la violencia que se ejerce sobre nosotros. Somos ya nosotros mismos los que reclamamos la segregación, la irrisión, la clasificación. Llegamos a ser firmes creyentes en las «respuestas buenas» y las «respuestas malas». Y queremos, como es «lógico», estar del lado «bueno» de las cosas, «contestar bien» para ahorrarnos todos los «males» que, por lo visto, es «natural» que les caigan encima a los que «han contestado mal». Terminamos pensando que, a fin de cuentas, «se lo merecen»: haber, si no, «contestado bien».

Sólo hay dos alternativas: o mantenemos una actitud crítica al respecto, o formamos parte nosotros también, sin advertirlo, de los torturadores.

La violencia de la educación requiere de su propia perpetuación, y se convierte, así, ella misma, en *la educación para la violencia*.

«Define tus términos»

Examinemos con detenimiento ahora el contenido de la crítica, que, como ya hemos señalado, presenta formas muy variadas. Comenzaremos con una cualquiera de ellas.

La primera variante se centra en el hecho de que, quizás, la expresión «en su sentido lógico» debería haberse «definido mejor», puesto que la evidencia de los resultados muestra que la amplísima mayoría de los encuestados no percibieron o no entendieron esa parte de la formulación del problema o, en caso de que lo entendiesen, se arriesgaron a contestar una pregunta que, claramente, no podrían «contestar bien», por falta de conocimientos sobre el tema.

Procedamos por partes.

¿Está «en su sentido lógico» realmente mal definido, insuficientemente especificado, etcétera? No, en absoluto. «En su sentido lógico» tiene dos significaciones principales, una de las cuales es absurda: «su sentido lógico» frente a «su sentido ilógico», o «no lógico», etcétera. Es absurda porque el contexto mismo del enunciado de la pregunta permite descartarla de inmediato. «En su sentido lógico» tiene que querer decir, entonces, «en el sentido de la lógica». Ahora bien, ¿qué es «la lógica»? Si no se especifica nada más, la lógica clásica. Y ¿qué es «la negación, en el sentido de la lógica clásica»? Es otro nombre para lo contradictorio, como ya hemos visto.

Naturalmente que hay una cantidad enorme de lógicas no-clásicas, y también muchísimas formas alternativas de negación. Pero una mínima precaución elemental de economía o, si se lo prefiere, el principio de parsimonia, nos tienen que indicar in-

mediatamente que estamos hablando de la negación clásica en sistemas clásicos de lógica. Si se hubiese tratado de otra cosa, lo hubiésemos dicho. Y
si, tratándose de otra cosa, no lo hubiésemos dicho,
entonces sí que podría reprochársenos que no hubiésemos especificado suficientemente la pregunta.
Pero no fue ese el caso.

¿Qué aduce, la crítica que se nos dirige? Que
podríamos haber definido mejor nuestros términos.
Pero términos sólo hay dos, «negación» y «lógica».
Podríamos, entonces, según ese argumento, haber
definido mejor «lógica» y «negación». Pero para definir «negación» y «lógica» precisaríamos de la introducción y utilización de nuevos conceptos, que a
su vez estarían faltos de definición y serían suscep-
tibles de la misma crítica que estamos ahora reba-
tiendo. Se abriría así la perspectiva de una suerte
de regresión infinita.

Nunca se pueden definir completamente los términos que se están usando. Se los puede reducir, *al
menos en teoría*, a términos «más sencillos», pero
en la cadena de reducciones siempre topamos con
conceptos básicos, no completamente definidos, que
se toman, según los casos, como axiomas, reglas del
juego, conceptos fundamentales, etcétera.

Hemos subrayado «al menos en teoría» porque
de esa reducción siempre se hace tan sólo la prueba, pero nunca, realmente, se la realiza del todo.

Se pone la punta del piececito en la piscina y ya está: después uno va diciendo que se ha bañado. Si se intenta, verdaderamente, sustituir los conceptos definidos por sus definiciones, y los conceptos definidos que haya en esas definiciones por sus propias definiciones, y así sucesivamente, hasta llegar a los conceptos más básicos, se obtienen en seguida expresiones en verdad inmanejables. Conceptos relativamente sencillos, una vez «explicados completamente» (es decir, absolutamente desplegados), ocupan enseguida varias páginas de apretadas fórmulas.

Como ejemplo, mostraremos la definición,[62] absolutamente desplegada, del sencillo concepto de «ser una función matemática». Sí, nos referimos a eso tan elemental que estudiamos en el colegio, eso de

$$y = f(x).$$

¿Qué tipos de objetos matemáticos son, verdaderamente, esas fs? Veámoslo: f es una función si y sólo si la fórmula mostrada en la tabla 10 (p. 158) es verdadera.

---

[62]Extraída de nuestro trabajo de doctorado, Josep Maria BLASCO, *The transfinite recursion theorem: a fine structure analysis* (2006) [4], donde pueden encontrarse muchas otras fórmulas todavía más monstruosas.

$$(\forall p^1 \in f)(\forall p^2 \in f)$$
$$(\exists p_1^1 \in p^1)(\exists p_2^1 \in p^1)(\exists p_1^2 \in p^2)(\exists p_2^2 \in p^2)$$
$$(\exists x_1 \in p_1^1)(\exists y_1 \in p_2^1)(\exists x_2 \in p_1^2)(\exists y_2 \in p_2^2)$$
$$(\forall e^1 \in p^1)(\forall e^2 \in p^2)$$
$$(\forall e_1^1 \in p_1^1)(\forall e_2^1 \in p_2^1)(\forall e_1^2 \in p_1^2)(\forall e_2^2 \in p_2^2)$$
$$($$
$$\quad x_1 \in p_2^1 \wedge x_2 \in p_2^2$$
$$\quad \wedge (e^1 = p_1^1 \vee e^1 = p_2^1) \wedge (e^2 = p_1^2 \vee e^1 = p_2^2)$$
$$\quad \wedge \ e_1^1 = x_1 \wedge e_1^2 = x_2$$
$$\quad \wedge (e_2^1 = x_1 \vee e_2^1 = y_1) \wedge (e_2^2 = x_2 \vee e_2^2 = y_2)$$
$$\quad \wedge (x_1 = x_2 \rightarrow y_1 = y_2)$$
$$)$$

Tabla 10: Fórmula matemática que indica que una variable f es una función

Un matemático corriente[63] necesitará un buen rato para cerciorarse de que, efectivamente, la definición es correcta.[64] Una persona que no esté ver-

---

[63]Al que advertimos de que usamos, para las variables, superíndices además de subíndices en nuestra elección notacional, por razones que se comprenderán cuando se intente desentrañar la fórmula.

[64][*Nota muy técnica*]. Además de perfectamente *contingente*, pues depende de una serie de convenciones representacionales integradas en la reducción habitual de las matemáticas a la teoría de conjuntos. Un ejemplo es la elección de

sada en notaciones simbólicas huirá despavorida. Esperamos que no lo haya hecho también el lector.

Las «explicaciones últimas» ya no *explican* nada, sólo *complican*. Si hay explicaciones últimas, son inmanejables. Pero eso no se verifica nunca, nadie se molesta en ir a averiguarlo. Se verifica lo contrario: se da el primer paso de la substitución de los términos definidos, y *se pasa enseguida a* lo que no cabe más que denominar *una creencia*, una creencia en una substituibilidad última que es, literalmente, *impracticable*.

Creer que las cosas pueden definirse de un modo completo en base a otras hasta llegar al límite de las definiciones es el fundamento de un cierto modo de conocimiento, pero es un fundamento frágil; algo que nos deja tranquilos, pero que desde luego nunca, o casi nunca, se convierte en una práctica llevada a cabo con exhaustividad.

Es un ideal. Un ideal que colabora en el sostenimiento de otro, más amplio, relativo a lo que ha dado en denominarse «comunicación»: si todos conocemos los conceptos básicos, y además todos conocemos la definición de los conceptos derivados, entonces podremos enunciar frases completamente comprensibles, absolutamente inambiguas, que permitirán una transmisión ideal de las significaciones.

---

la definición de par ordenado de Kazimierz Kuratowski.

Una transmisión perfecta, sin errores ni malentendidos, a la que no le sobra ni le falta nada. Es el ideal de la ciencia, y también el ideal de toda forma de poder (cosa que, por otra parte, se entiende: ¿cómo dar órdenes si cada uno comprende algo distinto?). La realidad se le resiste; el ser humano no lo soporta, más allá de un cierto límite y, cuando lo hace, es en dosis mucho más pequeñas de lo que se quiere hacer creer. A partir de un cierto punto, ya no entiende «bien» las cosas. ¿Qué entiende, entonces, cuando ya «no entiende bien»? *Otras cosas.* Que, como estamos viendo, no son precisamente «tonterías» ni «impertinencias». Simplemente, no son «lo que había que entender», pero no por eso dejan de ser cosas que se han entendido. Otras cosas.

Eso otro que se entiende, eso otro que no era lo que había que entender, no está «mal», ni «carece de valor», ni mucho menos de «contenido» o de «sentido». Pero demuestra, una y otra vez, que la comunicación perfecta no es más que un ideal, es una *fábula.*

Con una matización. Del mismo modo que la adolescente torturada por su autoimagen, cuando se prueba unos pantalones y ve que no le quedan bien, en vez de pensar que los pantalones están mal hechos, piensa que ella misma está mal hecha, cada uno de nosotros, cuando se demuestra que la idea de la comunicación es imperfecta, pensamos que los imperfectos somos nosotros. La comunicación *es* perfecta. No se sabe *dónde* se lleva a cabo tal perfección, ni *de qué manera*, ni *por qué* tiene que serlo, ni *qué quiere decir, exactamente, todo eso*; pero *es* perfecta. Y nosotros, claro está, somos *imperfectos*.

Sólo nos falta añadir «y *pecadores*» para encontrarnos de vuelta en un lugar del que pensábamos que nos habíamos alejado mucho, hace ya tiempo.

No tienes ninguna lógica

Sigamos con la idea de que la expresión «en su sentido lógico», por la razón que sea, no se entendió bien, y podría haberse entendido mejor si hubiese estado «mejor explicada». A quien me interpelase así, le contestaría: «Si no estabas seguro de qué quería decir "en su sentido lógico", ¿por qué te animaste a contestar? ¿Hubieses hecho lo mismo si en vez de "en su sentido lógico", la pregunta —que entonces habría sido también otra, claro está— hubiese incluido la expresión "en cuanto a la teoría de conjuntos", o "en el sentido de la cromodinámica cuántica"?».

Traslado aquí la pregunta. Parece evidente que la respuesta es «no». Algo debe pasar con «la lógica», algo distinto a lo que sucede con las demás

disciplinas. La teoría de conjuntos, o la cromodinámica cuántica, por seguir con nuestros ejemplos,
no se perciben como algo cercano, ni mucho menos;
al contrario, a menos que se tengan conocimientos
específicos sobre esos temas, todo el mundo los ve
como «complejos», «difíciles», «lejanos», «inasequi-
bles». Nadie se jactaría de gozar de familiaridad con
lo que se desconoce.

Pero con «la lógica», por lo que se ve, pasa algo
distinto. Quizás tenga que ver con que «lógica» y
«lógico» son, a la vez, términos técnicos (cuando se
refieren a su campo de estudio y a algunos de sus
elementos) y palabras del lenguaje ordinario, y esas
dos acepciones, en realidad muy distintas, están en
cierto modo confundidas.

¿Qué encontramos, en el lenguaje ordinario? Expresiones como «lógico», o «es lógico», para expresar asentimiento y concordancia; «no tiene ninguna lógica», para expresar que algo no se entiende
en absoluto, es autocontradictorio, es una tontería,
etcétera; «lógicamente» o «como es lógico», para
expresar que lo que viene a continuación se sigue
de lo anterior, etcétera.

Una persona que «no tiene ninguna lógica» es
alguien que no para de decir tonterías. ¿Habrá, quizás, entonces, que «tener lógica», para no quedar,
«como un tonto», marginado? Bien podría ser.

De hecho, «a ver si aplicas un poco la lógica» es un forma de presión para que se acepte el propio argumento. «La lógica», aquí, es «mi lógica», es decir, mi manera de pensar: «Acepta mi lógica», quiere decir, en realidad, esa expresión, «o te quedarás sin ella», es decir, sin «lógica», pues la única que vale es la mía.

Es así. Aprendemos que «tenemos que tener lógica», es decir, aceptar la del otro, la de los padres, la de los maestros, la de los amigos, si no queremos exponernos al castigo, la desautorización, la retirada del amor, desde muy pequeños. Queremos, entonces, «tener lógica»: «no tener lógica» es muy desagradable.

Quizás por eso no experimentamos la distancia con la lógica, como la podemos sentir con respecto a la teoría de conjuntos, por ejemplo. ¿Cómo va a haber distancia, si hasta «tenemos una» (aunque muy bien dónde, no se sabe, claro está)? Todos somos «lógicos», «muy lógicos», «tenemos lógica» y hasta «mucha lógica».

Eso puede explicar la falta de precaución ante expresiones como «en su sentido lógico». Es una confusión, claro. Pero una que se entiende: es una confusión, a fin de cuentas, muy *lógica*.

Pensar con papel y lápiz

Volvamos una vez más a nuestra cuestión inicial: «en su sentido lógico» podría definirse mejor. Ya hemos examinado si eso puede o no hacerse, y las consecuencias de intentarlo. Ahora queremos dirigirle a esa crítica otra pregunta: ¿por qué habría que definirlo mejor? ¿Acaso estamos pidiendo alguna cosa rara, esotérica, extraña, que se refiere a técnicas especiales, que casi nadie conoce?

Creemos que no. Volvamos sobre la demostración de la solución correcta (p. 43), es decir, de que «algo está permitido» (F) es la negación de «todo está prohibido» (G). Daremos esta vez a la demostración máximo detalle.

Demostración. *F y G no pueden ser las dos verdaderas a la vez, puesto que si algo está permitido no puede estar todo prohibido. Además, F y G no pueden ser las dos falsas a la vez, puesto que si nada está permitido todo tiene que estar prohibido y entonces G no puede ser falsa. Por tanto, F es la negación de G.*[65]

---

[65]En virtud de la definición de las frases contradictorias, que se puede encontrar en la p. 68.

No hay nada aquí extraordinario, nada fuera de lo común. Es, simplemente, una demostración, y además sencillísima. Si a alguien le resulta difícil, no puede ser por su contenido, sino por su naturaleza, es decir, por falta de familiaridad con las demostraciones.

¿Dónde está, entonces, la dificultad? *Quizá en aceptar que para negar una expresión tan sencilla como «todo está prohibido», tres míseras palabras, necesitemos hacer primero… ¡una demostración!* A mí me pasó lo mismo, el día que descubrí el problema: tuve que coger papel y lápiz para encontrar la solución y asegurarme de ella.[66]

Aceptar que, darnos cuenta de que, para pensar en algo aparentemente muy sencillo, precisamos de la prótesis de la escritura; de que, *además*, dicha prótesis no alcanza; y de que, *todavía más*, hay que saber hacer demostraciones, es un poco humillante, en su sentido etimológico: *humilitas*, lo que nos devuelve al *humus*, a la tierra. Hay cosas que no se pueden resolver «de cabeza»; para cada cual, serán cosas distintas. *No se puede pensar sin prótesis*, al menos en lo que se refiere a determinados temas.

---

[66]En mi caso, elegí la derivación sintáctica (p. 63), porque me resulta más clara, pero es probable que, para una persona no habituada a este tipo de notaciones, esa forma pueda parecer mucho más esotérica.

Hay que volver al suelo, pero el suelo es un papel, y en él yace un lápiz, esperando a que lo usemos.

MAMÁ
Y EL SENTIDO CRÍTICO

SOBRE EL SENTIDO CRÍTICO

La exclusión del tercero excluido y el poder

El que no está conmigo está contra mí.

Mateo 12:30

Volvamos ahora a situarnos, una vez más, en la perspectiva alcanzada al final de la tercera parte, titulada «El error» (p. 51). Recordemos el tono de la discusión. *Por una parte*, la oposición contradictoria goza del principio del tercero excluido: o una cosa, o la otra, y no hay una tercera posibilidad. *Por otra*, existe, *en el lenguaje natural mismo*, una tendencia a substituir los contradictorios por los contrarios. *Pero*, y aquí viene el auténtico peligro, se sigue tratando, después de ese fortalecimiento, a los contrarios como si fuesen contradictorios, es decir, se los sigue manejando como si se les aplicase el principio del tercero excluido, a pesar de la deriva de O a E que se ha producido.

Esto da origen a una serie de errores, que podemos observar continuamente en los ámbitos de la religión y de la política o, para ser más precisos y a la vez más generales, en las relaciones de poder.

169

si sabemos que es verdadero	podemos deducir
F	$\neg G$
G	$\neg F$
$\neg F$	G
$\neg G$	F

Figura 12: Cuando F y G son contradictorios...

«El que no está conmigo está contra mí»,[67] dice Jesús. Vamos a examinar con detenimiento la frase. F será «estar conmigo» (es decir, estar a favor) y G será «estar contra mí» (estar en contra). Estar a favor y estar en contra son claramente *contrarios*: *no se puede* estar a la vez a favor y en contra. Pero *sí que se puede* no estar ni a favor ni en contra.

si sabemos que es verdadero	podemos deducir
F	$\neg G$
G	$\neg F$

Figura 13: Cuando F y G son contrarios...

Como F y G son contrarios, de ello *lo que se puede deducir* es que «El que está conmigo no es-

---

[67]Extraigo los dos primeros ejemplos de esta sección de *Pragmatic Strengthening: Contrariety and Disjunctive Syllogism* [8].

tá contra mí», o bien que «El que está contra mí no está conmigo», cosas que son más bien banales, pero *no se puede deducir* «El que no está conmigo está contra mí» (ni «El que no está contra mí está conmigo»), porque eso presupone, erróneamente, que *la falsedad de uno de los contrarios implica la verdad del otro*, y eso sólo es verdadero para los contradictorios, no para los contrarios.

Otro ejemplo, en este caso una frase pronunciada por el presidente George W. Bush en un discurso sobre el estado de la Unión el 20 de septiembre de 2001: «O estás con nosotros o estás con los terroristas». El análisis es el mismo que en el caso anterior: se puede perfectamente no estar con ellos ni con los terroristas.

A las diferentes formas del poder les *interesa* especialmente hacer creer que los contrarios funcionan como contradictorios, y que con ellos funciona el principio del tercero excluido. Supongamos que mi posición es F, y quiero inducir a mi interlocutor a adoptar mi posición. Para ello, elijo un *contrario* G especialmente repugnante, que resulte inaceptable para mi opositor, y después enuncio «o F, o G», o «si no F, entonces G», o alguna variante similar. Si mi interlocutor no advierte la trampa en la que lo estoy introduciendo, y puesto que G no le resulta admisible, se verá forzado a aceptar F «como mal menor». Lo que no habrá advertido es que ha sido manipulado mediante la falacia del falso dilema (p. 110): «no F» *no implica G*, puede ser que F *sea falso* y G *también*. No tengo, en realidad, ninguna necesidad de aceptar F, por mucho que me resulte insoportable aceptar G.

El discurso político está lleno de ejemplos de este tipo, lo que lleva a atrocidades conceptuales cada vez mayores, a una simplificación sumamente dañina de la vida política, y a un arrasamiento intelectual del ciudadano, que ya no sabe cómo defenderse de tantos razonamientos espurios.

«Hay que tener sentido crítico»

«Pero bueno; claro», pensará algún lector optimista, «son falacias; pero hay que detectarlas y no dejarse manipular por ellas, ¡hay que tener sentido crítico!». Desde luego, no podemos más que estar de acuerdo; desde luego, tener sentido crítico es esencial; por supuesto; claro que sí.

Solamente querríamos dirigirle, a ese lector, al que haremos oficiar aquí de interlocutor imaginario (esperemos que no se moleste), una ínfima, pequeñísima pregunta: *¿cómo se lo adquiere, ese sentido crítico?* ¿De dónde viene? ¿Quién o qué nos lo proporciona?

En la vieja teología moral, se instaba al creyente a actuar de tal modo que evitase el pecado y accediese así a la salvación. Para tal fin, se suponía que contaba con una consciencia moral, provista por Dios mismo, un don de Dios, que le ayudaría a distinguir entre el bien y el mal: si no distinguiese entre el bien y el mal, se argumentaba, no podría ser moralmente responsable de sus actos y, por tanto, no podría condenarse ni salvarse.

Desde luego, ese punto de vista no lo explicaba todo; se hacían existir, entonces, determinadas patologías de la consciencia moral, como la consciencia laxa, que no advertía con suficiente determinación de la pecaminosidad de ciertas decisiones morales, o la consciencia escrupulosa, que erraba por el extremo contrario, haciendo creer al que la padecía que las más ínfimas acciones eran, en realidad, graves pecados.

Modernamente, y dicho en términos generales, ya no se insta al ciudadano a salvarse; ahora lo que se le exige es que tenga sentido crítico. Todo el mundo se llena la boca con el sentido crítico. ¿Cómo se lo obtendría? «Mediante la educación de calidad, las buenas lecturas, la discusión pausada y elaborada», se nos podría responder; a esa lista se le podrían agregar, con la mejor voluntad, un montón de cosas más, todas ellas, se pretende, buenas.

¿Se consigue con ello el deseado sentido crítico? Mucho nos tememos que la respuesta es no. Basta tomar en consideración los resultados de nuestro experimento. La formación de los encuestados es, claramente, muy superior a la media. Además, la pregunta es de lo más sencilla, y la frase a examinar tiene sólo tres palabras. Quizás es un poco técnica, la pregunta, pero casi un ochenta y cinco por ciento de los encuestados son «de ciencias», están, por su formación y sus profesiones, acostumbradísimos al manejo de sistemas simbólicos. Y, sin embargo, sólo la resuelven bien dos personas entre cuarenta y dos.

Alguien dirá: «Bueno, sí; pero el problema que nos ocupa es, verdaderamente, muy difícil, en general la gente no suele engañarse tanto». ¿Seguro que no, cuando, como se ha visto en abundancia, no se distinguen bien, *en general*, los contrarios de los contradictorios? ¿Y cuando, día tras día, los que ostentan las diferentes formas de poder nos tiran por la cabeza todo tipo de falsos dilemas, que tienen que ver, precisamente, con esa indiscriminación?

No; no es sostenible lo que se está haciendo con el ciudadano moderno: se le exige que tenga sentido crítico, como si se tratase de una virtud moral; pero no se le dan los medios que precisaría para procurárselo. Se procede como si se pudiera acceder a él haciendo un esfuerzo, algo en lo que no todo el mundo, por desgracia, se empeñaría lo suficiente. Es un punto de vista voluntarista, elitista, espiritualista, metafísico y alienante.

Voluntarista, porque parece hacer surgir al sentido crítico como resultado de un meritorio esfuerzo, como buen fin de reiteradas exhortaciones, como producto del ejercicio libre y soberano de una voluntad interior.

Elitista, porque enmascara una serie de sentimientos de superioridad asociados al nivel formativo, la profesión ejercida, la clase social, etcétera: «Yo tengo sentido crítico, pero, claro, es que he ido a un buen colegio, no como ésos»; «Las personas cultas tenemos más sentido crítico»; «Los de derechas (o de izquierdas, etcétera) tenemos más sentido crítico»; y así sucesivamente.

Espiritualista y metafísico, porque el sentido crítico se presenta como una virtud interior, que residiría, nos imaginamos, en el alma, y cuya posesión no debe demostrarse mediante ejercicio alguno, sino que se está bien seguro, *a priori*, de ella.

Y a fin de cuentas *alienante*, porque nadie quiere adquirir lo que ya cree que posee, nadie puede adquirir lo que no se sabe cómo se adquiere, y nadie logra adquirir lo que no se adquiere como se cree.

En este momento histórico, el sentido crítico no es una realidad: es una *creencia*. En ese aspecto, su promoción es también una *estafa*. Sin reflexionar sobre sus condiciones de posibilidad, no habrá manera de llegar a él.

Y ¿cuáles son, esas condiciones de posibilidad? Resulta muy claro: estudiar lógica, analizar y ejercitarse en la detección de las variadas falacias, aprender a manejarse con los razonamientos correctos, familiarizarse con las variadas formas de argumentación.

No hay otro camino. Si queremos tener una sociedad sana, es *necesario* hacer todo eso.

¿Por qué no se está haciendo? Probablemente, porque no interesa. La gente demasiado crítica suele ser difícil de dominar, de gobernar, de manipular. Pero algunos ya saben, o creen saber, que el sentido crítico es esencial: hagámosles creer que ya lo tienen o, mucho mejor, que tendrían que esforzarse, quizás, un pelín más. Así estarán entretenidos con lo que les falta y con el esfuerzo, autosatisfechos con lo que creen ya poseer, y políticamente desactivados porque, en realidad, no poseen nada de eso que creen tener ni saben cómo llegar a ello.

«¿Eso es todo?», preguntará alguien. Por supuesto que no. Es *necesario*, hemos dicho y subrayado; lamentablemente, no es *suficiente*. Se puede ser el discriminador más fino de los argumentos más sutiles y ser un perfecto imbécil, o una persona todavía más dañina para la sociedad; esto es evidente. Pero también lo es que, aun sin ser suficiente, sin un auténtico sentido crítico es seguro que seremos, continuamente, engañados.

Dicho de otro modo, y para terminar con este punto: el sentido crítico se adquiere ejercitándose en la lógica, la escritura y la retórica, no haciendo esfuerzos interiores, morales o de otro tipo. No hay otro músculo del sentido crítico que aquel que se ejercita en su práctica. La lógica, la escritura y la retórica son muletas, son prótesis; pero resulta que las necesitamos para caminar. El que agita las manos y se imagina que vuela no necesita prótesis, pero tampoco se está desplazando.

¡MAMÁ, TODO ESTÁ PROHIBIDO!

Ocho cosas que odia mi mamá:

1. *Que salga.*
2. *Que no salga.*
3. *Que coma mucho.*
4. *Que no coma nada.*
5. *Que duerma mucho.*
6. *Que no duerma nada.*
7. *Que le conteste cuando habla.*
8. *Que no le conteste cuando habla.*

(Meme de Internet)

Dos encuestados hacen notar en sus comentarios que «Todo está prohibido» parece la protesta de un adolescente. En las tormentas emocionales que acompañan a las discusiones con unos padres que, si no son realmente imbéciles, al menos se lo parecen, el adolescente *exagera*, generaliza demasiado. «Todo está prohibido» significa otra cosa, a la frase le falta algo que le daría sentido y la completaría: «todo *lo que te pido* está prohibido», «todo *lo que no entiendes* está prohibido», «todo *lo que te da la real gana* está prohibido», etcétera.

179

El «todo» no tiene aquí otra pretensión de verdad que la de la denuncia de una vigilancia que se vive como asfixiante. La misma *inexactitud* del lenguaje usado opera como un arma; consigue, por lo general, un efecto preciso y, ahora sí, *intended*,[68] previsto. Lo consigue de un modo *exacto*: ser enervante, sacar de las casillas a sus padres.

Vamos a suponer que quien protesta es una chica. Ella exclama: «¡Mamá, todo está prohibido!». Se trata de una exageración de base afectiva e intención querulante.

Pongámonos, como experimento mental, en la piel de los padres, y supongamos también que estamos (siguiendo nuestro experimento; que los padres están) en nuestro sano juicio, ya que es algo que no se puede dar, en general, por sentado. ¿Cómo nos opondríamos a la protesta de nuestra hija, sin faltar a la verdad? Desde luego que no le diríamos: «¡Ay, no, querida! ¡Qué dices! ¡Cómo va a estar todo prohibido, amor de mi vida, si es al contrario, *está todo permitido*, puedes hacer lo que quieras, no hay limitación alguna, *nada está prohibido*!». ¿Verdad que no le contestaríamos eso? No estaríamos en nuestro sano juicio (aunque haya padres que, en nombre de evitarles a sus hijos no se sabe bien qué «trauma», parezcan estar procediendo, realmente, de esa manera).

---

[68] *Cfr.* la discusión sobre el *intended meaning* en la p. 150.

¿Qué contestaríamos, sin faltar a la verdad? Probablemente algo del estilo de «Mira, todo no puede estar prohibido, como tú dices, porque ayer mismo te dimos permiso para ir a dormir a casa de tu amiga Vanessa. O sea que todo prohibido no puede estar: *algo está permitido. ¿*Verdad? Tú nos quieres decir otra cosa. A ver, ¿qué te pasa? Conversemos».

¿Verdad que sí?

Lo que aparece, entonces, como un problema, es lo siguiente: ¿por qué, en un experimento mental, en el que tenemos que enfrentarnos a los reproches de nuestra hija adolescente, somos todos capaces de *a*) intuir de modo diáfano por qué *la respuesta más popular dada a nuestro problema por los encuestados* es directamente errónea, contraproducente y absurda, y además somos también capaces de *b*) ver con claridad que la *respuesta correcta* es no sólo verdadera, sino lo más honesto que le podemos contestar a nuestra hija, sin faltar a la verdad (y no es, nunca, una buena idea faltar a la verdad, pero todavía menos con los adolescentes)? Y ¿por qué, en cambio, si lo que queremos es contestar *en su sentido lógico* nos perdemos casi irremisiblemente?

Da la impresión de que somos mucho mejores padres que lógicos. La lógica, por lo que se ve, nos hace perder, literalmente, la cabeza.

EL ORGANISMO HUMANO

Prestémonos ahora[69] a un juego de la imaginación, y considerémonos por unos instantes, todos juntos, como si fuésemos un solo organismo; olvidémonos de que se supone que somos individuos. Ese organismo humano, entonces, él solito, ante una pregunta de apariencia muy sencilla, se disemina, se difracta, se multiplica, reacciona de múltiples maneras. Ejerce su «fría razón», pero también su «pasión»; se acuerda de su adolescencia y de su mamá; cuestiona el lenguaje mismo (esto del genitivo, ¿qué quiere decir, realmente?); sale a manifestarse por las calles («¡prohibido prohibir!») y se lamenta («¡todo está prohibido!»); se aplica con celo a hacer funcionar lenguajes que no le son naturales y se arma un tremendo lío con los paréntesis y su ausencia; inventa toda una serie de tecnologías de limitación («universo de discurso», «lógica de primer orden»...) para intentar crear un lenguaje que se entienda siempre y en todos los casos, por y para todos, de la misma manera, y no lo consigue nunca,

---

[69]Esta sección refleja, con muy pocas alteraciones, el final que se dio a los primeros borradores de este informe.

aunque no deja de intentarlo...

Si no lo sometemos a la *violencia*, si no lo forzamos a distinguir entre lo «pertinente» y lo «impertinente», si no actuamos conforme a nuestros prejuicios sino que los suspendemos, escuchando con atención lo que se nos dice, ese organismo expresa, produce, manifiesta, una extraordinaria y maravillosa *riqueza*.

Me apropio, entonces, emocionado, de esa riqueza, de todo lo que hemos hecho juntos, de lo que ahora ya somos; ya es parte de mí mismo. Pero no ha sido consumido: sigue aquí por si otro quiere apropiárselo, también.

¿Dónde? Aquí.

He aprendido mucho con vuestras respuestas. Estoy, sinceramente, muy agradecido.

Josep Maria Blasco
Tossa-Orfes-Barcelona
agosto-octubre de 2019

POSTFACIO

Además de ser un informe, este texto es, también, el producto de una investigación. Cuando envié el informe preliminar, no conocía más que de oídas el concepto de contrario, prácticamente no había entrado en contacto con el cuadrado de las oposiciones, y desde luego ni se me había pasado por la cabeza reflexionar sobre los problemas de la lexicalización de O, o de la equivalencia en la significación práctica entre O e I. Desconocía también la estrella de Blanché, y la abundante literatura que existe, en general, sobre todos estos temas. Escribir el informe me ha permitido aprender muchas cosas.

Y, además, me lo he pasado muy bien. En general esto no se expresa, sería *impertinente*, parece que siempre hay que pretender que uno se ha esforzado mucho. Pues es mentira, al menos para mí. He *trabajado* mucho, claro que sí, pero no he *sufrido* ni me he *esforzado*. Quizás me he ganado el pan, pero no *con el sudor de mi frente*. No me siento incluido en las maldiciones bíblicas. ¿Por qué tendría que hacerlo?

Post-facio: hablar el último. Dejaré que algo que escribí, para el foro al que mandé la encuesta, poco antes de mandarla, concretamente el 23 de julio de 2019, tenga esa última palabra. Es la respuesta, en una larga cadena de correos, a alguien que me preguntaba «¿No estabas de vacaciones, Josep Maria?». Creo que describe muy bien el estado de ánimo y el paradigma creativo desde el cual fue realizada esta investigación y escrito este informe.

Vida y trabajo, ocio y neg-ocio

Sí, estoy de vacaciones. Y no, no estoy de vacaciones.

Me explico.

Estoy de vacaciones: estoy en Tossa de Mar, como lo estaba ayer cuando compuse el primer correo. Me he despertado a la hora que me ha dado la gana, un buen desayuno, ahora te contesto y me vuelvo a Barcelona, donde lo primero que me espera es... el osteópata, un buen masaje. O sea: sí, son vacaciones.

No estoy de vacaciones, porque, para mí, escribir el correo de ayer es trabajo. Placentero, desde luego, pero trabajo. Dirás: ¿cómo va a ser eso trabajo? Déjame que te lo explique. La reflexión que me disparó el correo de M. era nueva para mí. Llevábamos años preocupados con la inexpresividad de la gente. Si lo que estamos discutiendo aquí, ahora, en estos emails —este también— da, aunque sólo sea un poco, en el clavo, estoy/estamos mejorando la manera de escuchar, la manera de conversar, las posibilidades de interlocución, con los alumnos y pacientes, actuales y futuros, además de mejorar las relaciones entre los miembros del foro involucrados, y pasar un buen rato.

Es decir, estamos aplicando nuestra fuerza vital a mejorar el mundo en el que vivimos, mientras nos lo pasamos bien.

A esto yo lo llamo de varias maneras:

1) Lo llamo trabajo, no sólo porque estamos mejorando nuestros ingresos a futuro, sino especialmente porque estamos mejorando la casa común con nuestra actividad.

2) Lo llamo política, prácticamente por lo mismo. No este guiñol repugnante que dan por la tele, sino la capacidad de mejorar, con nuestras conversaciones, el espacio que compartimos (la *polis*).

3) Lo llamo vivir, porque para mí vivir es pasarlo bien, siempre he querido el cielo en la tierra, no quiero un premio después, sino ahora, que la misma vida sea el premio, quiero que mi vida agote en vida la vida futura. Nada de premios después: ahora.

Claro, para poder pensar las cosas así hay que poder dejar de oponer la vida al trabajo (y para eso tienes que tener un trabajo que sea digno de una vida y una vida que pueda ser mejorada con tu trabajo).

Hay que dejar de oponer el trabajo y el goce, deshacer la maldición bíblica («ganarás el pan...»), recuperar el goce de trabajar de las garras del trabajo alienado.

La capacidad de trabajar no es lo más precioso que tenemos, sino que es lo único que tenemos: la capacidad de modificar, mediante nuestra acción, el mundo que nos rodea. La forma actual de organización social nos hace ciegos a esta característica de nuestro trabajo, nos hace odiar nuestra facultad más poderosa, divide la vida entre ocio y neg-ocio y nos arroja a un ocio alienado en el que encima tenemos que ser consumidores compulsivos. Y, como terminamos aceptando esa división, ya no podemos gozar (ocio) del trabajo (neg-ocio) y nos convertimos, literalmente, en unos desgraciados que se auto-odian en su única facultad.

No es obligatorio vivir así. Pero hay que pensar de otra manera, producir para uno mismo y para otros una realidad diferente. No se puede hacer solo, esto: se precisa de otros. Por eso tiene una dimensión (micro-)política.

Cuando escribo estas cosas, se me aclara lo que pienso, lo organizo mejor, lo veo más claro, me siento más fuerte y más útil, no sólo para mí mismo, sino también para los demás. Estoy muy agradecido.

Un abrazo desde Tossa de Mar.

APÉNDICES

NOMENCLATURA

TABLAS: EDADES, CALIFICACIONES, FORMACIONES

Edades	Respuestas	Porcentaje
No contesta	5	11,90%
25-30	1	2,38%
35-40	3	7,14%
41-45	5	11,90%
45-50	7	16,67%
51-55	7	16,67%
56-60	4	9,52%
61-65	2	4,76%
66-70	5	11,90%
71-75	2	4,76%
76-80	1	2,38%
Total	**42**	**100,00%**

Tabla 11: Distribución de las respuestas por edades

Titulación	Resp.	Porc.
No contesta	5	11,90%
Universitarias		
Doctor	15	35,71%
Ingeniero	12	28,57%
Licenciado	3	7,14%
Máster	3	7,14%
Total universitarias	*33*	*78,57%*
No universitarias		
Bachillerato	3	7,14%
Diplomado	1	2,38%
Total no universitarias	*4*	*9,52%*
Total	**42**	**100,00%**

Tabla 12: Niveles académicos

Cuando se han especificado varios niveles académicos (e.g., licenciado y doctorado), se ha escogido el de mayor nivel. «Ingeniero» agrupa las diversas modalidades de ingeniería, lo que incluye también «ingeniero técnico» e «ingeniero superior».

Formación	Resp.	Porc.
No contesta	2	4,76%
Ciencias		
Informática	8	19,05%
Ingenierías	8	19,05%
Telecomunicaciones	7	16,67%
Medicina	5	11,90%
Ciencias	2	4,76%
Economía	2	4,76%
Biología	1	2,38%
Física	1	2,38%
Química	1	2,38%
Total ciencias	*35*	*83,33%*
Letras		
Psicopedagogía	2	4,76%
Filología	1	2,38%
Recursos humanos	1	2,38%
Total letras	*4*	*9,52%*
Otras profesiones	1	2,38%
Total	**42**	**100,00%**

Tabla 13: Formaciones y profesiones

En unos pocos casos, los encuestados han indicado sólo su profesión («economista», «informático»), sin indicar su titulación, y en esos casos hemos

utilizado ese dato. En todos los demás casos, hemos indicado los estudios, independientemente de
la profesión (que, por otra parte, no formaba parte
de las preguntas). Cuando se han indicado varias
formaciones, se ha elegido siempre aquélla asociada
a la titulación de mayor nivel académico.

ÍNDICE DE FIGURAS

ÍNDICE DE TABLAS

ÍNDICE DE EQUIVALENCIAS LÓGICAS

ÍNDICE DE NOMBRES PROPIOS

BIBLIOGRAFÍA

[1] ARISTÓTELES. «Categorías». En: *Tratados de lógica (El Organón)*. México: Porrua, 2001.

[2] Robert BLANCHÉ. *Structures intellectuelles*. 2ª ed. Paris: Vrin, 1969.

[3] Josep Maria BLASCO. «Cualquier persona educada; un dichoso azar». En: *Textos para pensar*. URL: https : / / www . epbcn . com / textos / 2013 / 12 / cualquier - persona - educada - un - dichoso - azar/. Espacio Psicoanalítico de Barcelona, 2013.

[4] Josep Maria BLASCO. *The transfinite recursion theorem: a fine structure analysis*. 2006. URL: https : / / www . epbcn . com / pdf / jose - maria - blasco / 2006 - 09 - 25 - The - transfinite - recursion - theorem - a - fine - structure - analysis.pdf.

[5] Jean DIEUDONNÉ. *Elementos de análisis. I. Fundamentos de análisis moderno*. 1ª ed. Barcelona: Reverté, 1966.

[6] Gottlob FREGE. «Begriffsschrift. a formula language, modeled upon that of arithmetic, for pure thought». En: *From Frege to Gödel. A sour-*

ce book in Mathematical Logic, 1879-1931. Versión castellana en línea en URL: `https://www.ucm.es/data/cont/docs/481-2013-10-22-25-2013-10-09-Frege-Conceptografia.pdf`. Cambridge: Harvard University Press, 1897, págs. 1-82.

[7]   Laurence HORN. *A Natural History of Negation.* (Reimpreso en 2001 en The David Hume Series, Center for the Study of Language and Information, Stanford, California). Chicago: The University of Chicago Press, 1989.

[8]   Laurence HORN. *Pragmatic Strengthening: Contrariety and Disjunctive Syllogism.* URL: `http://www.crissp.be/wp-content/uploads/201112_horn2_NegStrengthening.pdf`. 2011. DOI: `10.1007/978-3-319-10193-4_10`.

[9]   Laurence HORN. «The Singular Square: Contrariety and Double Negation from Aristotle to Homer». En: *Formal Models in the Study of Language. Applications in Interdisciplinary Contexts.* Ed. por Joanna BLOCHOWIAK y col. URL: `https://www.unige.ch/lettres/linguistique/files/2414/5934/7875/Horn2014.pdf`. Springer, mar. de 2017, págs. 143-179. ISBN: 978-3-319-48831-8. DOI: `10.1007/978-3-319-48832-5_9`.

[10] Laurence R. HORN y Heinrich WANSING. «Negation». En: *The Stanford Encyclopedia of Philosophy.* Ed. por Edward N. ZALTA. Spring

2017. URL: https : / / plato . stanford . edu / archives / spr2017 / entries / negation/. Metaphysics Research Lab, Stanford University, 2017.

[11]   Isaiah LANKHAM, Bruno NACHTERGAELE y Anne SCHILLING. *Some Common Mathematical Symbols and Abbreviations (with History)*. 2007. URL: https://www.math.ucdavis.edu/~anne/ WQ2007/mat67-Common_Math_Symbols.pdf.

[12]   *Laurence R. Horn | Linguistics*. 2019. URL: https://ling.yale.edu/people/laurence-r-horn (visitado 29-09-2019).

[13]   Paul MCNAMARA. «Deontic Logic». En: *The Stanford Encyclopedia of Philosophy*. Ed. por Edward N. ZALTA. Summer 2019. URL: https: //plato.stanford.edu/archives/sum2019/ entries / logic - deontic/. Metaphysics Research Lab, Stanford University, 2019.

[14]   Alessio MORETTI. «Why the Logical Hexagon?» En: *Log. Univers*. 6 (2012). Disponible online en Academia.edu, págs. 69-107. DOI: 10 . 1007 / s11787-012-0045-x. URL: https://doi.org/ 10.1007/s11787-012-0045-x.

[15]   Terence PARSONS. «The Traditional Square of Opposition». En: *The Stanford Encyclopedia of Philosophy*. Ed. por Edward N. ZALTA. Summer 2017. URL: https : / / plato . stanford . edu / archives / sum2017 / entries / square/.

Metaphysics Research Lab, Stanford University, 2017.

[16] Julio REY PASTOR, Pedro PI CALLEJA y César A. TREJO. *Análisis Matemático. Volumen I: Análisis algebraico. Teoría de ecuaciones. Cálculo infinitesimal de una variable*. 8ª ed. Buenos Aires: Kapelusz, 1969.

[17] Julio REY PASTOR, Pedro PI CALLEJA y César A. TREJO. *Análisis Matemático. Volumen II: Cálculo infinitesimal de varias variables. Aplicaciones*. 7ª ed. Buenos Aires: Kapelusz, 1968.

[18] Julio REY PASTOR, Pedro PI CALLEJA y César A. TREJO. *Análisis Matemático. Volumen III: Análisis funcional y aplicaciones*. 3ª ed. Buenos Aires: Kapelusz, 1965.

[19] WIKIPEDIA. *Historia de O — Wikipedia, La enciclopedia libre*. 2019. URL: https : / / es . wikipedia.org/wiki/Historia_de_O (visitado 29-09-2019).

[20] WIKIPEDIA. *Laurence R. Horn — Wikipedia, The Free Encyclopedia*. 2019. URL: https : / / en . wikipedia . org / w / index . php ? title = Laurence_R._Horn (visitado 29-09-2019).

SOBRE EL AUTOR

Josep Maria Blasco Comellas (Barcelona, 1960) es licenciado en Matemáticas por la Universitat de Barcelona (1982), informático y psicoanalista. Ha cursado estudios de doctorado en Informática (Facultat d'Informàtica de Barcelona, Universitat Politècnica de Catalunya) y Lógica y Fundamentos de las Matemáticas (Departamento de Lógica, Historia y Filosofía de la Ciencia, Facultad de Filosofía, Universitat de Barcelona).

En 1996, funda el Espacio Psicoanalítico de Barcelona (EPBCN), que codirige con Juan Carlos De Brasi desde 2000 hasta 2017. Actualmente, es director del EPBCN.

Ha publicado *Introducción a la programación en UBL* (Universitat de Barcelona, 1985), *Estrategias imperiales. El abuso de las matemáticas en el psicoanálisis lacaniano* (EPBCN, 2015), *Curso de introducción al psicoanálisis I* (EPBCN, 2017, en colaboración con Carlos Carbonell) y *Todo está prohibido. La enseñanza de la violencia* (EPBCN, 2019). Ha colaborado con Carlos Carbonell y María del Mar Martín en *¿Imbéciles para siempre?*, de Enric Boada (EPBCN, 2018). Muchos de sus artículos pueden encontrarse en la colección en línea *Textos para pensar* (`epbcn.com/textos`).

Información de contacto:

Balmes, 32, 2º 1ª
08007 Barcelona
+34 93 454 89 78

`josep.maria.blasco@epbcn.com`
`https://www.epbcn.com/equipo/josep-maria-blasco/`
`https://www.epbcn.com/web/josep-maria-blasco/`

EPBCN EDICIONES

Colección Cuadernos Mínimos

1. Juan Carlos DE BRASI, *Apreciaciones sobre la violencia simbólica, la identidad y el poder.*
2. Juan Carlos DE BRASI, *Notas mínimas para una arqueología grupal.*
3. María del Mar MARTÍN, *La piel del alma. Sobre la traición.*

Colección Aperturas

1. Josep Maria BLASCO, *Estrategias imperiales. El abuso de las matemáticas en el psicoanálisis lacaniano.*
2. Juan Carlos DE BRASI, *La explosión del sujeto. Acontecer de las masas y desfondamiento subjetivo en Freud.*
3. Juan Carlos DE BRASI, *La problemática de la subjetividad. Un ensayo, una conversación.*
4. Juan Carlos DE BRASI, *Ensayo sobre el pensamiento sutil. La cuestión de la causalidad. La causalidad en cuestión.*
5. Juan Carlos DE BRASI, *Elogio del pensamiento.*
6. Gabriela CARDACI, *Lo grupal como intervención crítica. Sobre la publicación* Lo Grupal *en la Argentina (1983-1993).*
7. Juan Carlos DE BRASI, *Flechas de pensamientos. Verdinales y meditaciones.*
8. Irene MARTÍN, *De Eros a Narciso. Tres lecturas sobre el deseo: Platón, Freud y Han.*

Colección Aula Abierta

1. Josep Maria BLASCO (con la colaboración de Carlos CARBONELL), *Curso de introducción al psicoanálisis I. La interpretación de los sueños. La enseñanza del psicoanálisis. Los actos fallidos.*

Colección Intempestivas

1. Enric BOADA (con la colaboración de Josep Maria BLAS-
   CO, Carlos CARBONELL y María del Mar MARTÍN), *¿Im-*
   béciles para siempre? Parar, inspirar y recrear el mundo.
   Edición preliminar.

2. Josep Maria BLASCO, *Todo está prohibido. La enseñanza*
   de la violencia.